Algen

Ein Portrait
von
Miek Zwamborn

Aus dem Niederländischen
von Bettina Bach

NATURKUNDEN

Als Erstes sah ich das alles von unten,
da war ich Alge.

MONIKA RINCK

Algen; Seetang

Weiter landeinwärts:
eure Borken, eure Disteln.
Zeitraum bedenklicher

Regellosigkeit; eure
semantischen Schnipsel –
die eigentlichen Monaden,

die wahre Abgeschiedenheit.

HANS FAVEREY

NATURKUNDEN № 51
herausgegeben von Judith Schalansky
bei Matthes & Seitz Berlin

Inhalt

Unterwasserwald

Bei Ebbe, auf dem Weg zur schottischen Gezeiteninsel Erraid, stieß ich in der trockengefallenen Bucht auf eine riesige Alge. Dunkel hoben sich Mittelrippe und Wedel vor dem hellen Sand ab. Die Pflanze sah lebendig aus, drehte sich um ihre eigene Achse wie eine archimedische Schraube. Die Strömung hatte die Alge weit aufgefächert. Der großen, goldgelben und mit Noppen besetzten Knolle entsprang ein kräftiger Stängel. Nicht rund, sondern breit und flach und am Rand bernsteinfarben gekräuselt. Nach oben hin wurde er glatter und mündete in einer Art ledrigem Blatt, das in einundzwanzig lange Fransen auslief; jede zeigte in eine andere Richtung. Mein Blick glitt über den Rändelrand der Mittelrippe. Die Knollenalge glänzte wie frisch poliert und schien von einer seltsamen Kraft erfüllt zu sein. Unbändig. Sie war von ihrer Kolonie losgerissen und an Land geschwemmt worden, aber trotzdem war nicht die Spur von Verfall zu erkennen.

Ich kniete mich hin und strich über die Triebe. Die Pflanze fühlte sich fest an und kälter als erwartet.

Natürlich hatte ich vorher schon Algen gesehen. Hinter dem Deich war ich auf meinem Weg zum Watt auf ihnen herumgeschlittert. Beim Krabbenfischen hatte ich sie auf den Felsen zur Seite geklappt und Austern, nachdem ich sie geöffnet hatte, mit ihnen zugedeckt. Im Meer schlangen sie sich mir manchmal um die Beine. Trotzdem hatte ich sie nie wirklich beachtet. Das

Die flamboyanten Rüschen an ihrem Thallus machen die Alge Saccorhiza polyschide *zu einer der sinnlichsten ihrer Art.*

sollte sich durch das rätselhafte Aussehen dieser Alge ändern, die im Wasser zu einer solch anmutigen Gestalt herangewachsen war. Es ist keine Übertreibung, wenn ich sage, dass sich durch diese eine Pflanze meine Wahrnehmung der Küste vollkommen verändert hat. An diesem Tag hatte sich vor der Rückkehr der Flut das Meer geöffnet und mir zum ersten Mal einen Blick in sein Inneres gewährt.

Vorsichtig schob ich die Hände unter die schwere Mittelrippe und stand auf. Die Alge kippte wie eine Parabel vornüber. Ich legte sie mir über die Schulter. Sie war doppelt so groß wie ich. Entzweigeklappt berührte sie vor und hinter mir den geriffelten Sand. Eine vertikale Umarmung. Ich bahnte mir einen Weg zwischen den mit braungrünem Blasentang bedeckten Felsen und ging weiter übers Watt Richtung Erraid. Als ich mich umdrehte, sah ich neben meinen Fußabdrücken eine Schlangenlinie im Sand. Die Alge war schwer genug, um meinen Weg über den Strand nachzuziehen.

Vielleicht faszinierte sie mich so sehr, weil ich zu der Zeit schon lange an etwas völlig anderem arbeitete: einem Herbarium, in dem die Blätter brüchig, blass und erstarrt mit kleinen Stichen auf das Papier gestickt waren. Im Gegensatz zu ihnen sprühte diese Alge vor Leben, strahlte Geschmeidigkeit und eine große Widerstandsfähigkeit aus. Ihre robuste Beschaffenheit und barocke Anmut verliehen ihr etwas Außerirdisches. Wie konnten die Zellen eines so einfachen Organismus zu einem solch üppigen, komplexen Gebilde heranwachsen? Dieses Kugelgeschöpf weckte meine unterseeische Entdeckerlust.

Ich ging mit einer Meeresalge an Land. Einer abgetrennten, monströsen Pflanze. An den nächsten Tagen tat ich nichts anderes, als Algen zu sammeln. Grüne, rote und braune und alle Farben dazwischen. Fleckige, perforierte, durchsichtige und

Albino-Algen. Ich löste sie von den Felsen ab, pflückte sie aus der Brandung oder las sie am Spülsaum auf. Verschrumpelte Algen weichte ich so lange ein, bis sie sich im Wasser entfalteten und wieder auflebten wie die Rose von Jericho. Damit fing alles an.

Es gibt Makro- und Mikroalgen. Makroalgen sind die anpassungsfähigsten, vitalsten und fruchtbarsten pflanzlichen Organismen der Erde. Sie können an rauen und turbulenten Küstenstreifen, in sehr wechselhafter Umgebung überleben, und man findet sie von den Tropen bis zum Polar, in allen Klimazonen. Einige der etwa zehntausend verschiedenen Arten existieren unter extrem harten Bedingungen. Meeresalgen halten Stürmen stand, eindringenden Sonnenstrahlen, Übersäuerung und bei Ebbe der Austrocknung an der Luft.

Durch Fossilienfunde weiß man, dass es seit 1,7 Milliarden Jahren Meeresalgen gibt. In dieser langen Zeit haben sie sich offenbar nicht wirklich weiterentwickelt.

Die Algen werden den niederen Pflanzen zugeordnet. Ihnen fehlen die Organe, die höhere Pflanzen charakterisieren – Wurzel, Sprossachse und Blatt. Jede einzelne Zelle der Alge aber ist in der Lage, sich selbst zu versorgen, unabhängig von allen anderen Zellen.

Algen ernähren sich mittels Fotosynthese. Alle Algen enthalten, wie die höheren Pflanzen, Chlorophyll, aber die Pigmente, die das Sonnenlicht aufnehmen, sind variabel. Ihre dominierende Farbe kann grün, aber auch rot, braun, gelb oder orange sein, in diesem Fall wird das grüne Pigment durch ein anderes ›maskiert‹.

Die Feldforschungen auf Helgoland, die Ernst Haeckel als Medizinstudent gemeinsam mit seinem Professor Johannes Müller unternahm, weckten seine lebenslange Liebe zu Algen und Medusen.

Die meisten Algen lassen sich je nach ihrer Färbung und Organisation in sechs Gruppen einteilen.

Grünalgen sind ein- oder mehrzellige, grün gefärbte Algen. Einzellige Arten, sofern sie beweglich sind, oder deren Fortpflanzungsstadien, haben meist zwei gleich lange Geißeln, die im Zellkörper verankert sind und herausragen, sodass sie sich im Wasser fortbewegen können. Mehrzellige Grünalgen können die unterschiedlichsten Formen annehmen. Sie verfügen über dieselbe Art Blattgrün wie Landpflanzen. Grünalgen leben auch auf dem Land, und man geht davon aus, dass sie mit den komplexen Landpflanzen gemeinsame Vorfahren haben, d. h. Letztere aus den Grünalgen entstanden sind. Grünalgen leben hauptsächlich im Süßwasser, kommen aber auch im Salzwasser vor.

Rotalgen sind mehrzellige rot gefärbte Algen, es gibt aber auch einzellige Formen. Sie leben hauptsächlich im Meer, einige Arten sind aber auch im Süßwasser oder an Land zu finden. Meist sind sie verzweigt, manchmal blatt- oder krustenförmig. Die sogenannten Kalkrotalgen bilden Schalen aus Kalk und leisten damit einen wichtigen Beitrag zum Aufbau und zur Stabilisierung von Korallenriffen.

Braunalgen sind mehrzellige braun gefärbte Algen und komplex gebaut. Oft sind sie verzweigt, entwickeln blatt- und stängelähnliche Organe. Braunalgen kommen fast ausschließlich im Meer vor. Zu dieser Gruppe zählen die größten, am schnellsten wachsenden Algen der Welt und auch der Riesentang, der im Meer zu gigantischen Wäldern heranwächst.

Diatomeen oder Kieselalgen sind weitläufiger mit den Braunalgen verwandt, sie sind ebenfalls braun gefärbt. Sie besitzen ein Außenskelett aus Siliziumdioxid, dessen Größe zwischen etwa zehn und hundert Mikrometern variiert. Es sind ausschließlich einzellige Lebewesen, die als Hauptbestandteil des Phytoplanktons etwa die Hälfte der gesamten Biomasse im Meer produzieren und einen Großteil des Sauerstoffs in der Erdatmosphäre erzeugen.

Eine andere winzige Alge ist für das Meeresleuchten verantwortlich: die Panzeralge (Dinoflagellat). Es gibt sehr viele Panzeralgen unterschiedlicher Gestalt im Süß- und im Salzwasser. Oft sind sie mit Platten besetzt. Manche Panzeralgen sind in der Lage, eine ›Überlebenskapsel‹ (Dauerstadium) zu bilden, in der sie, wenn nötig, abwarten, bis sich die Umweltbedingungen wieder zum Guten wenden und sie sich erneut fortpflanzen können. Sie lassen sich einfach in ihrer Kapsel auf den Grund sinken und warten dort auf bessere Zeiten.

Schließlich gibt es noch die Blaualgen, die zu den Bakterien gehören. Sie werden aber zu den Algen gezählt, weil sie ähnlich groß sind wie andere mikroskopische Algen. Als echte Bakterien haben sie keinen Zellkern und werden daher heute als Cyanobakterien bezeichnet. Sie sind meistens von einer Schleimschicht umgeben, die Kalk aus dem Meerwasser bindet. Dank dieser Eigenschaft bilden sie auf Dauer spezielle Gesteinsformationen, sogenannte Stromatolithen.

Darüber hinaus gibt es im marinen Phytoplankton noch weitere bedeutende Großgruppen der Algen, nämlich die Kalkalgen (Haptophyta) und Cryptomonaden. Andere kleinere Gruppen von Algen, die nicht im Meer vorkommen, sollen hier nicht weiter erwähnt werden.

Ein halb durchsichtiges, filigranes Algentheater im Ozean. Für Künstler ist die Darstellung von Wasser ein schwieriges Unterfangen.

Meeresalgen wachsen in verschiedenen Vegetationszonen. Sie bilden separate Lebensgemeinschaften, die sich in einer spezifischen Tiefe an ein Substrat haften. Manche gedeihen in ruhigem Gewässer, andere in bewegtem, demnach kann man die Küste in drei unterschiedliche Zonen einteilen. Der nur von der Brandung benetzte Bereich, der bei Flut normalerweise nicht unter Wasser liegt, die Spritzwasserzone, wird nur bei Spring- oder Sturmfluten überspült. Die dort lebenden Organismen sind alle gegen Austrocknung gefeit. Die Nachbarzone liegt bei Flut normalerweise unter Wasser und fällt bei Ebbe wieder trocken. Diese Zone zwischen Niedrig- und Hochwasserlinie wird auch Gezeitenzone genannt. Die dritte, auch Sublitoral genannte Zone, liegt unterhalb der durchschnittlichen Niedrigwasserlinie. Die Algen in dieser Zone sind ständig vom Wasser bedeckt. In den Niederlanden gibt es nur Sandküsten, Fels taucht nur in Form von Deichen, Buhnen und Hafenmolen auf. Dort trifft man vor allem im Rhein-Maas-Delta auf eine üppige Algenflora. Auf Pontons in den Häfen, in Salzwasserkanälen und Salzwassergebieten, wo die Gezeiten kaum eine Rolle spielen, kommen ebenfalls Algen vor.

Sandküsten sind für die Verbreitung von Algen ungeeignet. Ein sandiger Untergrund ist zu bewegt und bietet keinen ausreichenden Halt. Nur auf Wattplatten mit wenig Strömung gedeihen manche Algenarten wie zum Beispiel Meersalat und Darmtang.

Nicht alle festsitzenden Algen sind heimisch. Bei starkem Wind oder Eisgang kann der Tang vom Untergrund losgerissen werden. Gelegentlich wachsen sie dann woanders weiter. Der japanische Beerentang zum Beispiel kam in den 1970er Jahren versehentlich mit Austern zusammen nach Westeuropa, mittlerweile gilt er sogar als invasiv.

An den niederländischen Stränden werden viele Algen angeschwemmt, die von den französischen, englischen und norwegischen Küsten abrissen. Sie treiben, je nach Strömung, irgendwo wieder an Land. Manchmal erst nach Wochen. Mit einem Strömungsatlas, einer Bodenkarte und dem Wetterbericht könnte man versuchen herauszufinden, woher sie stammen, aber es wäre trotz allem nur eine grobe Schätzung.

Hunderte Hände winken in den Wellen. An langen schmalen Handgelenken winken sie tagaus, tagein der Küste und sich selber zu, ein Unterwasser-Applaus. Die Fingertang-Hände sind viel beweglicher als die, an die sie mich erinnern: Vor etwa 39 000 Jahren entstanden ockerfarbene Handabdrücke in der Höhle Leang Timpuseng auf Sulawesi – die Abbildungen von Händen, ohne die nichts erschaffen werden kann, zeigen, wie wichtig der schöpferische Prozess für die Menschheit ist. Wie *The Guardian* am 9. Oktober 2014 berichtete, verfügte jüngsten Forschungen zufolge bereits der vor 50 000 Jahren ausgestorbene *Homo floresiensis* über künstlerisches Darstellungsvermögen. Die Wiedergabe seiner Umgebung, der Tiere und des Menschen selbst sei, neben dem Jagen und Sammeln, überlebenswichtig gewesen. Das gilt nicht nur für Asien, sondern genauso gut für Afrika und Europa.

Wann Meeresalgen zum ersten Mal gezeichnet wurden, lässt sich nicht sagen, fest steht aber, dass sie seit Anbeginn der Menschheit auf dem Speiseplan standen und auch als Heilmittel dienten.

Der Seetangwald im Ozean wird von seinen kleinen bunten Algenkollegen flankiert.

Eine der Tausenden Algenhände vor der Küste von Ross of Mull wird im Sturm abgerissen und treibt tagelang in der Strömung über die Untiefen und vorbei an gefährlichen Klippen. Dann gelangt sie in ruhigeres Wasser und wiegt sich stundenlang in der Dünung. Nach unzähligen Drehungen rollt der lange Knöchel mit der winkenden Hand quer zum Wellenschlag an Land. Bei Ebbe liegt ein Wall reichlich ramponierter Hände am Strand von Ardalanish, vom Meer zusammengefegt. Eine einzige unversehrte Hand bleibt noch eine Weile weit aufgefächert auf dem geriffelten Sand liegen, winkt dem Himmel und der ersten Dünenreihe zu.

Im Sommer 2015 wurde ich eingeladen, zwei Wochen auf Erraid zu verbringen. Mit dem Granit aus dem Steinbruch der Insel wurden Mitte des 19. Jahrhunderts Leuchttürme gebaut. Das gefährliche Meer um die Inneren und Äußeren Hebriden, an deren Klippen so viele Schiffe zerschellten, wurde auf diese Weise nach etlichen Jahrhunderten endlich befahrbar. An einer Bucht der Isle of Mull suchte ein Haus neue Bewohner. Als ehemalige Schleusenwärterin mit einem mittlerweile abgelaufenen Leuchtturmwärter-Diplom in der Tasche zog ich ein Jahr später nach Ross of Mull. Die nächstgelegenen Leuchttürme Dubh Artach und Skerryvore waren wie viele andere schon vor Jahren automatisiert worden, mein alter Traum von einem Leben als Leuchtturmwärterin ging also wieder nicht in Erfüllung, aber das war nicht schlimm. Ohne die weite, windgepeitschte Landschaft um Knockvologan mit ihren verlassenen Sandstränden, den vielen kleinen vorgelagerten Inseln, dem kabbeligen Meer und den sumpfigen Torffeldern wären mir Meeresalgen wahrscheinlich nie ins Auge gestochen, und ich hätte nie die Arbeit der in den nächsten Kapiteln beschriebenen Personen kennengelernt. Sie alle kamen intensiv mit Algen in Berührung – sei es als Astronaut, Autor, Bauer, Chefkoch, Filmemacher, Fotograf, Grafiker, Maler, Musiker, Schiffbrüchiger, Seemann, als Spinnerin, Strandgutsammler, Textildesigner, Wissenschaftler oder Zauberlehrling.

Die Sargassosee

Das *Sargassum* ist eine goldbraune Alge, die sowohl in großen Teppichen an der Meeresoberfläche treibt als auch festgewachsen entlang der Küsten Sargassum-Wälder bildet. Die Teppiche werden von unzähligen Luftblasen an der Oberfläche gehalten und können dadurch sogar in extrem starker Strömung überleben. Sie bieten vielen Arten von Meereslebewesen Unterschlupf, die es auf der Erde sonst nirgendwo gibt. Werden die Blasen dieser Braunalge von der Sonne beschienen, sehen sie aus wie weiße Stachelbeeren.

Die Sargassosee im Nordatlantik ist nach dieser Braunalgenart benannt. Am 16. September 1492 verfing sich Christoph Kolumbus auf dem Weg von den Kanaren zu den Bahamas mit seinen Schiffen Niña, Pinta und Santa Maria darin. In seinem Logbuch beschreibt er den Kampf, den seine Mannschaft und er mit der Alge führten:

Donnerstag, den 20. September 1492
An diesem Tag änderte ich seit der Abfahrt von Gomera zum ersten Mal den Kurs, da der Wind aus wechselnden Richtungen wehte und manchmal abflaute. Zuerst segelte ich mit Kurs West-zu-Nord und später dann Westnordwest, wobei ich 21 oder 24 Meilen zurücklegte (…) Die Männer fingen einen kleinen Fisch und wir sahen viel Gras, dergleichen, wie ich es bereits erwähnt habe. Es war wesentlich mehr als zuvor, und so weit man sehen konnte,

reichte es nach Norden. In gewisser Hinsicht bedeutet das Gras den Männern Trost, da sie den Schluß gezogen haben, es müsse von nahem Lande stammen. Gleichzeitig ließ es aber bei einigen rechte Angst aufkommen, da es an einigen Stellen derart dicht war, daß es zeitweise die Fahrt der Schiffe aufhielt.

Freitag, den 21. September 1492
(…) *Bei Sonnenaufgang sahen wir solche Mengen Gras, das aus dem Westen herantrieb, daß das Meer wie eine feste Masse schien.*[1]

Mittwoch, den 3. Oktober 1492
(…) *Hier sind wir wieder von mehr Gras umgeben, das aber welk ist und alt zu sein scheint. Ein Teil davon ist frisch und trägt eine Art Frucht.*[2]

Schon vor ihm hatten Seeleute von ausgedehnten, unübersichtlichen Mengen *Sargassum* und ähnlichen Verstrickungen erzählt. Das gefährliche, unter dem Namen ›Geronnenes Meer‹ bekannt gewordene Lebermeer wird ab dem zwölften Jahrhundert häufig in den naturwissenschaftlichen und literarischen Texten Westeuropas erwähnt. Im Mittelalter fürchteten die Seeleute nichts mehr, als versehentlich ins Lebermeer zu geraten. Dort, so hieß es, würden sich Algen ums Ruder schlingen, die Schiffe sich nicht mehr steuern lassen und abtreiben. Die meisten Kapitäne machten einen weiten Bogen um dieses Meer, obwohl sie gar nicht genau wussten, wo es lag.

Der griechische Geograf und Geschichtsschreiber Strabon (etwa 63 v. – 24 n. Chr.) zitiert Pytheas von Massilia, der gesagt haben soll:

Die ultimative Verspätung für Seefahrer: Festsitzen in der ewigen Sargassosee am Kap der guten Hoffnung. Diese Vögel und Schiffe umsegeln das Böse.

> *In den Nordgegenden gebe es weder Land noch Wasser noch Luft, sondern ein Gemisch aus diesen, einer Meerlunge ähnlich, in welcher Land und Meer schwebe und das All; und diese sei gewissermaßen das Weltband und könne wohl weder durchschifft noch durchwandert werden.*[3]

Rufius Festus Avienus beschreibt in seinem Lehrgedicht *Ora maritima* (4. Jahrhundert) eine geronnene See, in die der karthagische Seefahrer Himilkon etwa 525 v. Chr. auf seiner Reise durch den Atlantik geriet. Erst nach vier Monaten konnte er weiter:

> *So fehlt auf weite Strecken der Wind, der die Schiffe vorwärtstreibt; so ruht unbeweglich das träge Wasser des regungslosen Meeres. – Auch fügt er hinzu, daß sich sehr viel Seetang in den Fluten zeige und oft mit strauchwerkähnlicher Stärke die Schiffe hemme. Ebenso versichert er, daß sich die Meeresfläche nicht in die Tiefe erstrecke und daß der Boden nur mit wenig Wasser bedeckt sei. Unaufhörlich tummeln sich an allen Seiten die Ungetüme des Meeres; um die nur langsam vorankommenden Schiffe schwimmen Riesenfische.*[4]

Alexander von Humboldt schreibt:

> *Dort liegt das Sargassomeer: die große Fucus-Bank, welche so lebhaft die Einbildungskraft von Christoph Columbus beschäftigte und die Oviedo die Tang-Wiesen (*praderias de yerva*) nannte. Eine Unzahl kleiner Seetiere bewohnen diese ewig grünenden, von lauen Lüften hin und her bewegten Massen von* Fucus natans, *einer der verbreitetsten unter den geselligen Pflanzen des Meeres.*[5]

Gesellig ist es dort ganz bestimmt. Unter dem *Sargassum* liegt das wichtigste Brutgebiet des Europäischen und Amerikanischen Aals. Im Schutz der Algen legt er seine Eier, und wenn die Larven geschlüpft sind, wandern sie nach Europa. Wenn sie Jahre später geschlechtsreif sind, machen sie sich auf die lange Rückreise zur Sargassosee. In großer Tiefe laichen sie dann und sterben.

Trockenfallen

Nun betritt ein wichtiger Mann die Bühne der Meereskreaturen, der zwar an Land blieb, sich aber mit allen Meeresbewohnern gut auskannte: Adriaen Coenen, ein Scheveninger Strandgutsammler, Seefischhändler und Fischauktionator. Coenen wurde 1514 geboren und fertigte zeitlebens mindestens vier Alben an, die Walen und anderen Meeressäugern, Fischen und sonstigen Lebewesen in den Meeren um Europa gewidmet waren. Drei illustrierte Manuskripte sind bis heute im ursprünglichen Zustand erhalten: das *Visboeck* (Buch der Fische), das *Walvisboeck* (Buch der Wale) und das *Haringkoningboeck* (Buch der Heringskönig- oder Petersfische). Sie wurden nie veröffentlicht und galten dennoch schon gleich nach ihrer Entstehung als sehr wertvoll. Coenens mittlerweile recht blass gewordenen Aquarelle waren ursprünglich vielfarbig, immer hielt ein gemalter Rahmen das jeweilige Tier und seine Beschreibung zusammen, als hätte er sagen wollen: Diese zwei, die man da sieht und liest, gehören unwiderruflich zusammen. Coenens Texte sind beschreibend und ehrlich. Manche Kreaturen kannte er nur vom Hörensagen und gab dies im Text auch offen zu.

Über die merkwürdigen Pflanzen, die an Felsen und Klippen im Meer wachsen, schreibt er:

> *Unsere Fischer nennen sie Strandfedern und fangen sie in ihren Heringsnetzen. Sie stecken sich die Federn an die Mütze und wenn sie trocken sind, halten sie sie ins Wasser und sie entfalten sich wieder.*

Adriaen Coenens Strandgutfunde und ihre lyrischen Beschreibungen finden Platz in passgenau von ihm gezeichneten Wunderkammern.

Und zum Bild daneben:

Diese Finger und Daumen, wie unsere Fischer sie nennen, sind von echten Menschenhänden kaum zu unterscheiden, nur durch ihre Farbe und weil sie von der Flüssigkeit in ihrem Innern aufgebläht sind. Unsere Fischer fangen sie an Haken über felsigem Grund.

Weiter hinten im Buch erzählt er von Trauben und Dill und meint damit sehr wahrscheinlich Blasentang:

Bei diesen Trauben weiß ich nicht, um was für Gewächse es sich handeln könnte. Ich habe welche gefunden, die auf Austern festgewachsen waren, und deren Beeren sind dann meist trocken und leer. Mir sind andere begegnet, so groß wie zwei Menschenköpfe, aber auch nur so groß wie ein einzelner Kopf oder noch kleiner. (…) Dill ist ein Blatt oder Kraut; es wächst bei den englischen Klippen, wie unsere Fischer erzählen, die vor dieser Küste nach Hering fischen. Bei starkem Sturm wird dieser Dill in großen Mengen an die holländische Küste angeschwemmt. Ja, manchmal könnte man damit allein an einer Meile der Küste bestimmt hundert Wagen vollladen. Als Kind spielten wir damit und nannten es Kermes, weil es aus so vielen seltsamen Gewächsen bestand. Aus den runden Blasen bastelten wir kleine Flöten, Schlüsselanhänger und Gürtel, denn die Pflanze ist zäh wie Leder. Sie zerfällt kaum, sondern wird hart in der Sonne und im Sand. Der Dill hat so manchen Schiffbrüchigen das Leben gekostet, denn durch ihn kann man nicht an Land gelangen. Beim Schwimmen verfängt man sich darin. Unsere Fischer sagen auch, die Kinder in Schottland äßen diesen Dill, doch das erscheint mir nicht sehr glaubwürdig, obwohl jedes Land eigene Sitten und sonderbare Geschmäcker hat.

In *The Sea and Its Wonders* beschreiben Mary und Elizabeth Kirby ein furchterregendes Seeungeheuer, das Coenen genauso gut hätte entdecken und malen können. In historischen Reiseberichten wurde oft von Seefahrern erzählt, die eine Meeresschlange erblickt hätten. Doch lange Zeit gelang es keinem, ihr nah genug zu kommen, um sie zu fangen, bis eines Tages ein Schiff, dessen Name in Vergessenheit geriet, übers Meer fuhr. Das Wetter war ruhig, der Kapitän blickte aufs Wasser. Da entdeckte er plötzlich die große Seeschlange. Sie schwamm in den Wellen auf und ab und sah aus, als wäre sie Dutzende Meter lang. Ihr riesiger Kopf war deutlich zu erkennen, ebenso die Löwenmähne an ihrem Hals. Innerhalb kürzester Zeit stand die ganze Mannschaft an Deck, um das Ungeheuer zu bestaunen. Der Kapitän war fest entschlossen, es nicht entkommen zu lassen wie all die anderen Kapitäne vor ihm. Er schickte einige seiner Männer im Ruderboot mit einem langen Seil und ein paar Gewehren hinter der Schlange her.

Die Seeleute ruderten so lange, bis sie in ihre Nähe kamen. Das erschreckend große Wesen tauchte immer wieder unter, aber dennoch gelang es den Männern, ihm das Seil um den Kopf zu schlingen, und sie schleppten es mit vereinten Kräften zurück zum Schiff. Nachdem sie die Seeschlange an Deck gehievt hatten, konnten sie kaum erkennen, um was für ein Geschöpf es sich wohl handelte, weil es derartig mit Muscheln und anderem Meeresgetier überwuchert war. Der Kapitän machte sich mit dem Messer darüber her, und da stellte sich heraus, dass die vermeintliche Seeschlange nur eine ungeheuer große Alge war, dreißig Meter lang und zwischen einem und anderthalb Meter breit.

Das von Mary und Elisabeth Kirby beschriebene Algenmonster aus The Sea and Its Wonders.

Warum beflügeln Algen die Fantasie so sehr? Vielleicht, weil man sie nur zweimal täglich bei Ebbe zu Gesicht bekommt und ihnen für die Zeit dazwischen alles Mögliche andichten kann. Oder liegt es an ihrer Geschmeidigkeit, ihrem Tänzeln – daran, dass sie immer hemmungslos in Bewegung sind? An ihrer Ungreifbarkeit? Ihrem glitschigen Körper? Vielleicht erkennen wir in der Alge die Lebensform und Nahrungsquelle, die uns Menschen schon in früheren Zeiten nützlich war. Bei archäologischen Grabungen in Südchile wurden in Feuerstellen und Gräbern der prähistorischen Siedlung Monte Verde die Überbleibsel unterschiedlicher Algenarten gefunden. Durch diese Entdeckung kam die Theorie auf, dass die Besiedlung des amerikanischen Kontinents möglicherweise nicht über Land, sondern entlang der Küste stattgefunden hatte. Als Proviant hätten die Menschen unter anderem (getrocknete) Algen mit sich geführt.

Zwischen 1750 und 1840 wurden in Europa vor allem die Frauen von einem kollektiven Verlangen nach der Küste erfasst. Man sammelte Muscheln und Tang, um anhand dieser Funde den Ausflug ans Meer nachzuerzählen. Bis zu dieser Zeit war die Natur, wie der Mensch sie schätzte, vor allem stark manipuliert. Meeresalgen dagegen symbolisierten die wilde, unkultivierte Natur. Sie verbargen sich unter Wasser und lebten in einem vom Mond beeinflussten Umfeld, unberührt und noch unerforscht. Ähnlich den Farnen, die im 19. Jahrhundert kostbare Sammlerstücke wurden, hatte der Seetang im 18. Jahrhundert als subtiles, esoterisches Pendant der exzentrischen, duftenden und farbenfrohen Blumen und Früchte gedient.

Doch im Gegensatz zu Blumen sind Algen in getrocknetem Zustand noch flexibel. Auch getrocknet ist ihre frühere Anmut noch zu erkennen, als zöge sich die Geschmeidigkeit nie ganz aus den Zellen zurück. Eine Alge kann man aus dem Herbar nehmen und wieder ins Wasser legen. Egal, wie alt sie ist, erlangt sie ihre ursprüngliche Elastizität zurück. Getrocknete Blätter von Landpflanzen dagegen vertragen keine Feuchtigkeit, sie fangen an zu schimmeln und zersetzen sich rasch.

Bestimmt haben die wohlhabenden Sammlerinnen am Strand ihr Korsett abgelegt. Am Meer konnten sie ihren Gedanken freien Lauf lassen, und vielleicht wurden auch ihre Glieder etwas geschmeidiger. Elastisch wie die Alge vom ganzen Recken und Strecken, das das Bücken und Aufheben mit sich brachte.

Die Algensammelmanie aus der Sicht von John Leech.

Bald schon mussten sie sich anders kleiden, denn lange Röcke waren gefährliche Stolperfallen, und mit spitzen, glatten Schuhen konnte man nicht von Fels zu Fels springen. Davon, brav am Strand zu bleiben, konnte innerhalb kürzester Zeit keine Rede mehr sein. Mit langen Schaftstiefeln an den Füßen wagten sie sich immer tiefer ins Meer hinein. Und wer sich das nicht traute, nahm einen Fischer in Dienst. Vielleicht waren die Bewunderung für die raue Natur und ihr sinnliches Erleben ja eine Reaktion auf die rein malerische Perspektive, aus der der Mensch die Landschaft als Außenstehender betrachtete und nie wirklich dazugehörte. Die Algensammlerinnen standen zwar ebenfalls am Rand, begnügten sich aber nicht mit der Rolle des ruhigen Zuschauers. Bei ihrer Tätigkeit bewegten sie sich vergnügt mitten in der Natur und nahmen anmutige Beweisstücke mit nach Hause.

1856 veröffentlichte John Leech eine Karikatur in der satirischen Zeitschrift *Punch: Viktorianische Algensammlerinnen beim euphorischen Pflücken.* Da stehen sie also, bücken sich alle in dieselbe Richtung, ohne Kopf. Beim Aufheben der Pflanzen rutschen ihre Unterröcke hoch und entblößen ein Stück Bein. Ihre Umrisse erinnern mich an den von Franz Kessler im frühen 17. Jahrhundert erfundenen ›Wasserharnisch‹, ein mit Rindsleder überzogenes Holzfass, mit dem man wie unter einer Art umgekehrtem Kelch auf dem Meeresboden spazieren gehen konnte.

Die Universitätsbibliothek Basel besitzt ein wunderschönes Algenherbar von 1851. Es ist ein bescheidenes Bändchen: zweiundzwanzig blaue, grüne und rosa Bögen in einem mit rotem Baumwollstoff bezogenen Umschlag, auf dem in Goldprägung der Titel *Algae* prangt. Die Algen sind auf kleine weiße Blätter montiert und werden wie bei einem Einsteckalbum in vier diagonale Schlitze geschoben. Seidenpapier schützt die empfindlichen Präparate.

Das Album hat Eliza M. French (1809–1889) zusammengestellt, eine amerikanische Algologin, die Sammlern ihre Präparate verkaufte. Sie muss Hunderte dieser Alben angefertigt haben. Mit dem aufkommenden Tourismus und der Algenmanie war die Nachfrage sicher gewachsen.

In winziger Schnörkelschrift lese ich den Namen der Alge, die Fundstelle und den Monat, in dem sie gefunden wurde. Die Pflanzen sehen aus, als kämen sie frisch aus dem Wasser, sie wurden in voller Pracht auf dem Papier ausgebreitet. Dabei hat French unendlich viel Geduld an den Tag gelegt. Auf dem Titelblatt zum Beispiel sind zwei Girlanden aus nach Größe sortierten, teils roten und teils grünen Algen zu sehen. Eine Präzision, bei der mir ein bisschen unwohl wird. Wie hat sie die filigranen Algen nur so fixieren können? French liebte ihr Material und hat es gezähmt. Manchmal treten kleine Unregelmäßigkeiten auf, eine Asymmetrie, an der man den sprunghaften Charakter der Pflanzen erkennt. Den nach links oben weisenden bordeauxroten Fadentang, gesammelt in der Nähe von Fort Trumbull bei der Mündung des Thames River auf Long Island Sound in Connecticut, hat sie im Juli 1851 etwas zu resolut abgepflückt. Die Seite 9 vom Januar zeigt eine weinrote *Dasya elegans* aus dem East River, New York, sie hat gewundene dunkle Verästelungen, ist in der Mitte voll und zu dem Ende hin, in das sich ein kleines Stück Grünalge verfangen hat, schlanker. Die 15 Zentimeter lange, gepunktete *Delesseria americana*, im Juli aus dem Thames River gefischt, weist dunkelrote Polkadots auf. Die zarte Mittelrippe und die überlappenden Ränder des Wedels sehen aus wie von einem Glasbläser angefertigt und nicht pflanzlich.

Mit großer Vorsicht blättere ich bis zur Seite 16, auf der eine im August auf Pounder Island gesammelte *Spyridia filamentosa* zu sehen ist. Ihre Seitensprosse sind durchsichtig geworden; sie scheinen aus dem Papier aufzusteigen. Seite 19 zeigt einen lindgrünen Federtang, dessen Wedel strahlenförmig präpariert wurde wie Eisenspäne. Das Album folgt einem persönlichen Prinzip. Weil kein System dahintersteckt, komme ich der Sammlerin hier viel näher als bei einem Naturbuch, in dem

Amerikanischer Seetang, gesammelt und präpariert von Eliza M. French.

Halbtransparentes Reispapier bedeckt die Präparate wie luftiges Sommerleinen.

die Algen nach Arten geordnet sind. Das Skalpell, mit dem Eliza French ihre Fundstücke in Form brachte, kann man als ihr Malwerkzeug betrachten. Frenchs Werk bewegt sich an der heute so modernen Schnittstelle zwischen Kunst und Wissenschaft. Das Basler Album endet mit einem Lobgesang, in dem French die Algen selbst zu Wort kommen lässt.

1

Blumen sind wir
Von der wilden See
Und der felsigen Küste;
Zwischen den Wellen geboren
In verborgenen Höhlen
Als die Sturmwolken aufzogen

2

Nicht Sonne noch Luft
Nicht Sorge noch Pflege
Schenkten uns Schönheit;
Weit unten in der Tiefe,
Wo die jungen Perlen wachsen
Wedeln unsere Girlanden.

3

Die Nordwinde pusten
Eisige Schneeflocken
Über die Wellen
Unsere zarte Gestalt
Übersteht die Stürme
Und trotzt dem Unwetter.

4

Blumen der Erde
Welken bald nach der Geburt
Sagen wir mal, im Sommer
Und der Dichter atmet aus
Über eingezeichneten Kränzen
Liegt seine Schrift.

5

Doch wer soll entdecken
Die vergängliche Anmut
Und zerfließenden Töne
Des Kindes der Meere
Das die Wildnis
Des blauen Wassers betritt!

6

Der Künstler wusste,
Wo Purpurtang wächst
Im tyrischen Klima
Und Ceramias Glanz
Erblüht noch röter
Bis in alle Ewigkeit.

7

Du trägst uns weit fort
Wie einen strahlenden Stern
Von unserem moosigen Grund
Dennoch lächeln wir
Und unsere knittrigen Herzen leben
Wo wir auch umherstreifen.

8

Wer es liebt zu schweifen
Im grünen Wäldchen
Komme, der Natur zuliebe,
Und labe sich
An der spritzenden Welle
Und lerne draus.

9

Dem Rauen und Strengen
Kann das Herz nachgeben,
Sich zur Schönheit hinwenden;
Doch unter dem Schaum
Des Strengen und Rauen
Liegen Perle und Blume.

Beim Tauchen sah ich einmal eine irisierende ›Regenbogenalge‹ (eine *Chondria coerulescens*). Ich wusste nicht, dass die Stimme sich auch unter Wasser überschlagen kann. Falls jemand am Strand entlangging, muss er an jenem Nachmittag den verwunderten Ausruf, den ich in meinen Schnorchel ausstieß, gehört haben. Über den Lärm bin ich selbst erschrocken. Die Alge leuchtete auf. Aus einem bestimmten Winkel sahen die Verästelungen aus, als wären sie kräftig Preußischblau angesprüht. Ich schnitt ein kleines Stück ab, doch im Freien stellte sich die Farbe als schnödes Grünbraun heraus, weg war der Zauber.

Dasselbe tiefe Blau umgibt die von Anna Atkins (1799–1871) fotografierten Algen. Ich sah sie zum ersten Mal in der Bibliothek von Kew Gardens in London. Das älteste Fotobuch der Welt ist ein Buch über Algen. *Photographs of British Algae: Cyanotype Impressions* heißt der vier Zentimeter dicke Wälzer aus unzähligen losen Bögen, der auf einem Rollwagen in den Bibliothekssaal gebracht wird. Ich bekomme ein Kissen aus grünem Samt, damit ich das Buch darauf ablegen kann, und eine mit Sand gefüllte Kordel, damit die Seiten nicht wieder zuschlagen. Atkins' Buch ist unter Wasser entstanden. Jeder Bogen wurde einzeln befeuchtet. Dann belichtete die Sonne das Papier, und die darauf ausgebreitete Alge ließ das Licht nicht durch, sodass ihre Silhouette im Fixierbad, in das es nun Bogen für Bogen einzeln untergetaucht wurde, zum Vorschein kam. Auf dem blauen Hintergrund sehen die Pflanzen aus, als hätte man sie ins Meer zurückgelegt.

Atkins genoss eine für ein Mädchen zu ihrer Zeit ungewöhnliche naturwissenschaftlich ausgerichtete Bildung. Ihr Vater, der Chemiker und Mineraloge John George Children, unterrichtete sie zu Hause und förderte ihr Interesse für die Biologie. Mit vierundzwanzig Jahren illustrierte sie seine Übersetzung von Lamarcks Schriften über die Wirbellosen. Die zweihundert äußerst detailliert wiedergegebenen Muscheln lassen Atkins' Talent, ihre Geduld und ihre große Hingabe erkennen. Ermutigt von William Fox Talbot, einem Freund ihres Vaters und Erfinder des Negativ-Positiv-Verfahrens in der Fotografie, erlernte Anna Atkins das von Sir John Herschel entwickelte fotografische Verfahren der Zyanotypie. Das dafür benötigte Papier stellte sie selbst her, indem sie eine Mischung aus Ammoniumeisencitrat und Kaliumhexacyanoferrat mit einem Schwamm auftrug. Dann hängte sie das Papier zum Trocknen in die Dunkelkam-

Die exotische, fast durchsichtige Alge auf der Fotografie von Anna Atkins schwebt zwischen Wissenschaft und Kunst.

mer und konnte es ein paar Stunden später verwenden. Die folgenden Schritte ihres Prozederes können wir nur erraten. Es gibt keine Fotos von Atkins bei der Arbeit, nur ein Portrait von ihr in gesetztem Alter, auf dem sie sich vom Betrachter abwendet, eine blasse Hand ruhelos auf der Sessellehne, die andere in den Falten ihres gestreiften Rocks verborgen.

Larry J. Schaaf, Herausgeber von *Sun Gardens,* der Faksimile-Ausgabe von Atkins' Aufnahmen, geht davon aus, dass sie bereits im Meer den Sand und Bewuchs entfernte und die Algen zu Hause sofort mit Schere, Pinzette und einem Pinsel aus Kamelhaar präparierte. Einmal gesäubert wurden die Algen in einer Schüssel voller Wasser auf einem Blatt Papier ›aufgefangen‹ und zwischen Seidenpapier unter die Presse gelegt. Einige Tage später konnten die getrockneten Präparate belichtet werden. Wahrscheinlich richtete Atkins die Algen lange im Voraus her und machte an sonnigen Tagen gleich mehrere Aufnahmen. Nicht alle ihre Präparate wurden von ihr selbst hergestellt. Über ihren Vater bekam sie getrocknete Algen aus aller Welt zugeschickt.

Das lichtempfindliche Papier wurde je nach Helligkeit fünf bis fünfzehn Minuten belichtet. 1843 schrieb sie: »Weil es sehr schwierig ist, exakte Zeichnungen so kleiner und zarter Objekte wie Algen anzufertigen, wandte ich mich der Zyanotypie zu.« So kam es, dass Atkins die Erste war, die dieses fotografische Verfahren anwendete, sie hat tatsächlich das erste Fotobuch der Welt veröffentlicht. Nie zuvor war ein Bildband eigenhändig und ohne Druckerpresse vervielfältigt worden, ihre Bilder erschienen in einer limitierten Auflage. Man weiß von dreizehn Exemplaren mit Hunderten einzigartiger, über einen

Zeitraum von zehn Jahren entstandenen Aufnahmen. Manche der abgedruckten Algenarten sind groß und liegen quer auf dem Papier, von links oben nach rechts unten, andere sind klein und mittig angeordnet, dann scheint die Alge unendlich tief unten im Meer zu schweben. Für wissenschaftliche Zwecke waren die Darstellungen zu unvollständig. Aber gerade durch das Fehlen von Fundort und Datum, die Schlichtheit und Intimität von Atkins' Kompositionen, ihre Transparenz, die nicht hundertprozentig detailgetreue Wiedergabe auf dem leuchtend blauen Papier können die Algen Raum einnehmen und den Betrachter verzaubern. Gut hundertsiebzig Jahre nach ihrer Entstehung haben die Blaudrucke nichts von ihrer Schönheit eingebüßt. Mir ist, als hätten sie sich, nachdem ich sie in Kew gesehen habe, über das Buch hinaus ausgebreitet. Ihre Haftscheiben haben sich in meinem Innern verankert. In unregelmäßigen Abständen tauchen sie vor meinem geistigen Auge auf, sie wedeln in der Unterströmung meines Gedächtnisses. Sollten die Blaudrucke aus unerfindlichen Gründen aus meinem Kopf entwischen, besitzt das Rijksmuseum in Amsterdam glücklicherweise seit Kurzem eine von Atkins' Ausgaben, ganze 307 Algensorten sind darin enthalten.

Auf die Seetangbilder in der frühen Fotografie folgten zu Beginn des 20. Jahrhunderts Aufnahmen auf 35-mm-Film. In seinem experimentellen Streifen *H_2O* widmete sich der amerikanische Filmemacher Ralph Steiner (1899–1986) der Oberfläche des Wassers. Im ersten Teil seiner Trilogie aus dem Jahr 1929, einer stillen Ode an das Wasser, kann sich der Betrachter in die von Wind und Licht in Bewegung versetzten Kräuselungen,

Wellen, Strahlen, Kreise und Kuhlen versenken. Kurz darauf, 1931, kam Steiners zwölfminütiger Film *Surf and Seaweed* heraus, den er viele Jahre später, 1960, vertonte und *Seaweed, a Seduction* nannte. Steiner richtete seine Kamera auf die Brandung; darauf, wie das Meer erst ungestüm an Land rollt und sich dann nach jedem Brecher wieder zurückzieht. Nach sechs Minuten verlagert sich der Fokus auf Blasentang, es sieht aus, als stünden leuchtendweiße Wasserröhrchen dazwischen, als versteckten sich Hunderte Glühwürmchen zwischen den Algen. Durch Steiners Objektiv betrachtet, sieht der Tang aus wie eine bleigraue Masse, weder fest noch flüssig. Träge kräuselt er sich an der Wasseroberfläche, abwartend und zugleich verspielt in sich drehenden Berührungen. Das sanfte Reiben, das Pulsieren des Blasentangs bietet ein geradezu aufreizendes Bild, sinnliches Spiel von Algen und Wasser. Am Ende des Films zieht sich das Meer zurück, über die magische Algenbank hinweg, während der Wind lange weiße Wasserfäden spinnt.

Steiner sagte, er habe seinen ersten Film aus »joy of seeing«, aus reiner Lust am Sehen gedreht, eine Beschreibung, die deutlich macht, dass in seinem Werk die Schönheit der Welt und der Moment der Betrachtung, die visuelle Erfahrung, im Vordergrund standen. Er setzte die Tradition des Naturalismus mit einem modernen Medium fort.

Der irische fiktionale Dokumentarfilm *Die Männer von Aran* des Regisseurs Robert J. Flaherty ist inhaltlich rauer und vom Aufbau her komplexer, hat aber unter anderem die Energie von Seetang zum Thema. Die Premiere wurde mit großem Tamtam am 25. April 1934 in London gefeiert, im Kino der Gaumont British wurde sogar speziell für die Uraufführung eine Vitrine mit einem ausgestopften Riesenhai dekoriert. Der vermeintliche Dokumentarfilm erntete viel Kritik, es hieß, er gäbe kein aktuelles Bild von Aran. Die Hauptdarsteller, angeblich eine Familie, waren gar nicht miteinander verwandt, und die Haifischer hatten die Tricks und Kniffe ihres Faches schon vergessen. Der Tumult war groß, der Wahrheitsgehalt des Films wurde angezweifelt, doch Flaherty erklärte: »Manchmal muss man die Dinge verzerrt darstellen, um ihr wahres Wesen einzufangen.«

In demselben Jahr gewann der Filmemacher bei den Internationalen Filmfestspielen von Venedig mit *Man of Aran* die Coppa Mussolini (heute der Goldene Löwe), der vom National Board of Review als bester fremdsprachiger Film geehrt wurde. An einem Winternachmittag, umgeben von einer vergleichbaren schwarzweißen Landschaft, sehe ich mir *Man of Aran* an, verfolge das Treiben der dick in Wolle eingemummelten jungen Familie bei ihrem Kampf gegen die Elemente. Ungefähr bei der Hälfte des Films werden Algen geerntet, aber nicht an einem ruhigen Tag, sondern mitten im Sturm. Der Wind bläst in alle Richtungen. Mit überirdischer Anstrengung versuchen die Menschen, auf einer kahlen Klippe ein Feld anzulegen. Sie kratzen Erde aus Spalten zwischen den Felsen, vermischen sie mit Algen und Steinen, die vorher mit einem schweren Hammer zerkleinert worden waren, und harken sie zu länglichen Beeten. Die Realität wird in dieser Passage verzerrt dargestellt, aber mich rühren die Hingabe, mit der neues Land geschaffen wird, und das Bemühen, an einem solchen Ort etwas anzubauen. Ich möchte so gern daran glauben, an den Menschen, der sich in einer extrem unerbittlichen Umgebung, in der Algen eine Rolle spielen, nicht unterkriegen lässt.

In der frühen Filmgeschichte spielen Algen eine Glanzrolle nach der anderen. In Jean Epsteins *Finis Terrae* von 1929 schlagen vier Fischer ihr Lager auf der kleinen französischen Insel Bannec auf, wo sie drei Monate lang Algen ernten wollen, und ständig ist Seetang im Bild. Sie stapeln ihn zu hohen Haufen, um ihn auf die richtige Weise zu verbrennen und so kostbare Asche zu gewinnen. Es kommt zum Streit, ein junger Mann, Ambroise, verwundet sich an einer zerbrochenen Flasche. Er versucht, die Insel zu verlassen, doch das Wetter und seine Schmerzen hindern ihn daran. Auf der Nachbarinsel Ouessant fragen sich die Menschen, warum auf Bannec nur ein Algenberg raucht. Alarm wird geblasen, der Arzt setzt über. Durch den dichten Nebel übersieht er fast, dass er ein in entgegengesetzter Richtung fahrendes Boot passiert. Jean-Marie, der Anstifter des Streits, kann ihm gerade noch rechtzeitig den stark geschwächten Ambroise anvertrauen. In der letzten Szene sitzt Jean-Marie am Bett von Ambroise und hält ihn fest.

Im Lauf seines Lebens drehte Epstein fünf Filme übers Meer. »Ich fürchte das Meer und bete es an. Es treibt mich dazu, das zu tun, wovor ich die größte Angst habe«, sagte er. Seine Filme spielen alle, außer einem, an der bretonischen Küste. Wie die Ebbe und Flut, denen in seinem Werk zentrale Bedeutung zukam, zog auch er immer wieder aus der Bretagne weg und dorthin zurück.

In *Finis Terrae* spielten nur Laiendarsteller mit. Ein Großteil des Films wurde aus der Hand gedreht, und Epstein montierte oft Passagen in Zeitlupe ein. Er glaubte daran, dass Filme uns die fundamentale, objektive Wahrheit zeigen können, die meist von Subjektivität überschattet wird. In mehreren Interviews behauptete er, wenn er je bei etwas schwöre, dann beim französischen Wort für Kameralinse: ›objectif‹. Die unberührte Küste ermöglichte ihm, Einzelheiten in ihrer wüsten Schlichtheit zu erfassen: die starken, verschränkten Arme der Jungen, ein flatterndes Haarband, die Körperlichkeit des Lebens, die unerschütterlichen Felsen und die vielen verschiedenen Stimmungen am Meer. Jean Epstein hat dem Zuschauer einen Ausweg aus der Verfremdung in der Moderne geboten und bietet sie ihm immer noch – auf mich haben seine Filme jedenfalls diese Wirkung. Daneben hatte der Filmemacher auch noch einen ganz anderen Grund, nach Alternativen zu suchen. Unter dem Pseudonym Alfred Kléber hatte er *Ganymède,* einen Essay über die männliche homosexuelle Ethik, geschrieben, der erst nach seinem Tod entdeckt wurde. Im vergangenen, von der katholischen Kirche beherrschten Jahrhundert waren die Fischer dank ihrer unregelmäßigen Fahrten aufs Meer mehr oder weniger geschützt gegen deren strenges Regime. In der männlich dominierten Parallelwelt der Fischerei konnten intime Freundschaften entstehen. Man kann *Finis Terrae* also auch als Parabel sehen: zwei junge Männer, die sich nach und nach auf ihre Liebe zueinander einlassen. Dank des Seetangs.

Knockvologan, 17. Juni 2017
Gestern war um 16:06 Uhr Ebbe. Ich habe auf die erste Welle gewartet, mit der die Flut einsetzt, und in der Brandung nach Rotalgen gesucht. Rotalgen werden nur selten unversehrt angespült. Meistens sind sie ramponiert oder verfärbt und man kann durch die Alge hindurch den Sand oder andere Algen sehen, die in der Strömung vorbeitreiben. Manchmal scheint das

im Blatt verbliebene Pigment implodiert zu sein, und die Alge hat sich Tiefrot, Magenta oder fluoreszierend Orange verfärbt. Das ist eine gute Entsprechung: Das Wort ›Fluor‹ kommt vom Lateinischen *fluere,* fließen oder strömen.

Im seichten Wasser präsentieren sich die Algen, als seien sie auf einem Wettkampf im Wasserspringen. In Zeitlupe ist jede von ihnen in verschiedenen Positionen zu sehen: weit aufgefächert, gefaltet oder um sich selbst verdrillt. Hier führen niedere Pflanzen Kopfsprünge, doppelte Saltos und Twists in olympischer Perfektion aus.

Dieselben Bewegungen lasse ich sie im Lauf des Tages noch einmal machen, in einer rostfreien Edelstahlspüle, in der ich nach langem Üben jede Alge auf einem Papierbogen fixiere. Eine nach der anderen platziere ich sie mit einer langen Nadel auf unter Wasser getauchte weiße Blätter. Als Erstes muss ich die Alge mit einer Nadel entwirren. Die Pflanze reagiert sofort auf Berührungen, wirft sich in Gegenrichtung und nimmt eine neue Gestalt an. Ich skizziere unter Wasser. Als ein eben noch freischwimmender Knorpeltang mit dem Rand des Papiers in Berührung kommt, klappt sich der Wedel zusammen. Macht nichts, zurück unter Wasser. Immer wieder von vorn, die Nadel hebt noch die feinste Verästelung an. Mit großer Vorsicht ziehe ich das Papier, nachdem sich die letzte Spitze daran angeschmiegt hat, schräg aus dem Wasser. Ich halte es an den Ecken und lege das Präparat zum Trocknen auf ein Handtuch, bevor ich es mit Tüll und Löschpapier bedecke und erst dann presse, andernfalls würde es verkleben. Mittlerweile habe ich begriffen, dass Algen widerspenstig sind.

Lappentang zu trocknen ist eine der schwierigsten Übungen.

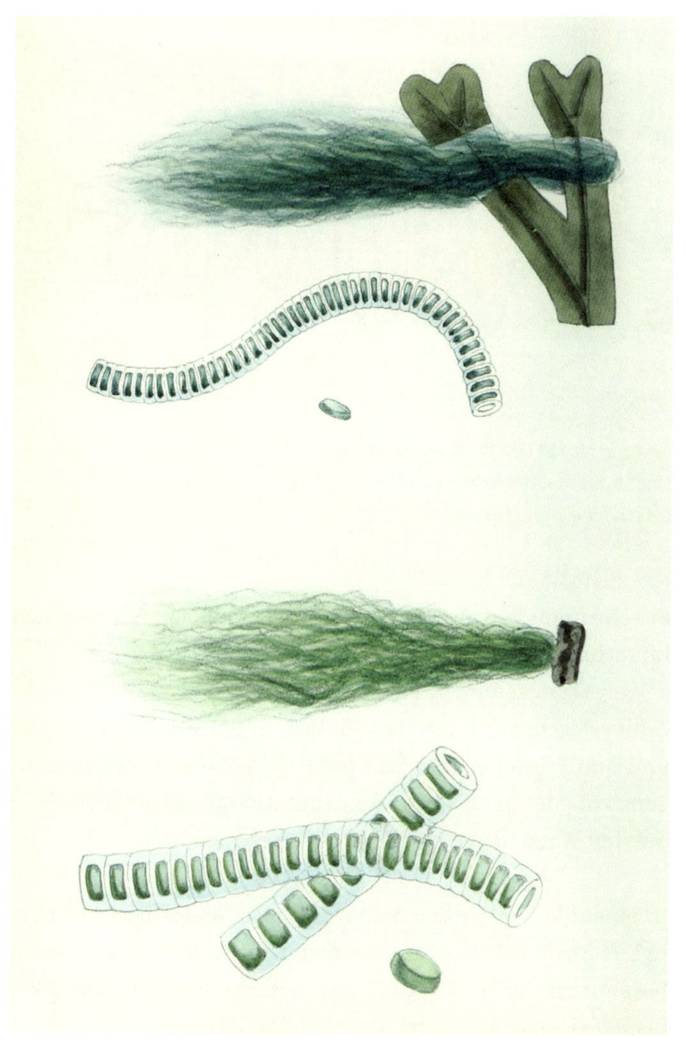

Viele Algen wachsen als Epiphyt auf anderen Algen und flattern lose in der Strömung.

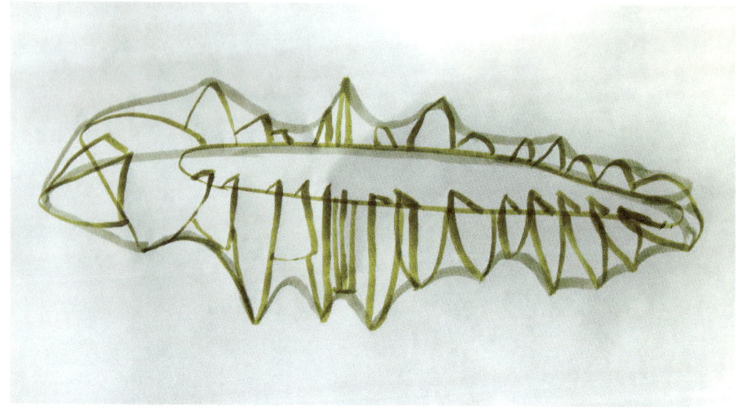

Eine Skizze für Oki Naganode *aus Julia Lohmanns Dissertation. Das komplexe Algenskelett liegt starr auf dem Grund und wirkt doch federnder als ein Trampolin.*

Er schrumpft enorm, das Papier biegt sich hoch und rollt sich hinterhältig mitsamt der Pflanze zusammen.

Wer Algen sammeln möchte, sollte sich besser auf Braunalgen verlegen. Die kann man einfach in Salzwasser ausspülen und zum Trocknen über die Duschstange hängen oder auf dem Teppichboden ausbreiten. Vor dem Hintergrund einer weißverputzten Wand heben sie sich wunderschön ab.

In einem hohen weißen Saal im Victoria and Albert Museum in London beugt sich Julia Lohmann über ein halbtransparent bespanntes Gerüst. »Naga ist eine äußerst dehnbare, selbstklebende Algenart«, erklärt sie, als hätte die grüne Form unter ihren Händen von selbst Gestalt angenommen.

Die hohlen Aluminium-, Schilf- und Algenfragmente erinnern an die architektonischen Pflanzenstudien des Fotografen Karl Blossfeldt, aber auch an Ernst Haeckels detaillierte Zeichnungen. All diese losen Einzelteile wuchsen unter Lohmanns Leitung zur beeindruckenden Skulptur *Oki Naganode* zusammen, die mittlerweile in allen großen europäischen Museen zu sehen war.

Die Designerin Julia Lohmann ist eine Pionierin auf dem Gebiet der Innovation in der internationalen Tangindustrie. 2007 besuchte sie eine Algenzucht in Hokkaido im Norden Japans, aus der ein Großteil der Noriblätter stammt. Sie wunderte sich, dass Tang nicht auch als Baumaterial verwendet wurde. Dass dort, wo Algen fester Bestandteil der Esskultur sind, noch niemand auf die Idee gekommen war, weitere Anwendungsmöglichkeiten zu erkunden.

Im Jahr 2013, während eines Stipendiums am Victoria and Albert Museum in London, gründete sie das Department of Seaweed, in erster Linie eine Plattform, auf der Wissen über Algen ausgetauscht und ihr Potenzial untersucht wird. Mittlerweile ist aus dem Department of Seaweed ein kollektiver Forschungszweig geworden, in dem Lohmann nächstes Jahr promovieren wird. Thema ihrer Dissertation ist die gesellschaftliche Rolle von Designern und die Verwendung von Seetang in zeitgenössischer Gestaltung. Sie schildert spannende Experimente und setzt sich dafür ein, altes und neues Wissen zu teilen. »Seetang ist als Material mit keinem anderen Rohstoff vergleichbar«, sagt Lohmann. »Deshalb sollten wir uns nichts bei anderen Industrien abgucken, sondern eigene, neue Verfahren entwickeln.« Am Departement of Seaweed arbeitet mittlerweile ein kleiner Kreis von Experten, die Lohmann um sich versammelt hat – Studenten der Design Academy Eindhoven und der Hochschule für bildende Künste Hamburg, eine französische Textildesignerin, ein neuseeländischer Zimmermann und eine britische Anthropologin. »Der erste Kreis«, so nennt Lohmann sie. »Typisch«, sagt sie, »mehr und mehr komme ich zur Überzeugung, dass Algen sich die Menschen aussuchen und nicht umgekehrt.«

Sie hofft, die Abteilung nach und nach zu vergrößern, um weltweit mit immer mehr Meeresalgen-Kollegen zusammenarbeiten zu können. Algen eignen sich aufgrund ihrer Beschaffenheit hervorragend dazu, Verbindungen einzugehen und Kolonien zu bilden. Lohmanns Arbeitsweise entspricht der Art und Weise, in der Seetang sich fortpflanzt.

Anscheinend haben Algen im Lauf der Geschichte in vielen Küstenkulturen zur Herstellung unterschiedlicher Gegenstände gedient. Diese sind jedoch nicht mehr erhalten, weil das Material vergänglich ist. Vielleicht waren auch die Gegenstände selbst so alltäglich, dass weder mündlich noch schriftlich über sie berichtet worden ist. Nicht zuletzt waren die Menschen, die sie verwendeten, überwiegend Analphabeten.

»Von den Gezeiten mitgenommen«, sagt Lohmann treffend. In diesen sind nicht nur die Gegenstände verschwunden, sondern auch die Expertise ist abhandengekommen. Lohmann möchte den alten Verfahren nun neues Leben einhauchen.

Seetang inspiriert sie als Rohstoff unterschiedlichster Dinge, beispielsweise von Furnier, bei dessen Herstellung sie versucht, den Tang so zu bearbeiten, dass er sich formen lässt, aber trotzdem flexibel und durchsichtig bleibt.

Eine Phyllophora rubens, *hier verewigt in üppigem leuchtenden Rot, macht ihrem Namen alle Ehre.*

In den westlichen Ländern wurden hauptsächlich exakte wissenschaftliche Zeichnungen von Algen angefertigt, aus Ostasien dagegen stammen Drucke, auf denen Algen eine andere Bedeutung zukommt. Die Kunst, das Wesen der Dinge zu erfassen, ohne sie bis ins Detail auszuarbeiten, sondern im Gegenteil durch die Einfachheit der Darstellung, war das höchste Ziel der Künstler in der Westlichen (206–208 v. Chr.) und der Östlichen Han-Dynastie (25 v. Chr. – 220 n. Chr.). In China wurden zu dieser Zeit Gedichte in der Grasschrift geschrieben, deren einfache, skizzenhafte Zeichen sehr expressiv waren. Dichter wählten damals das zarteste Reispapier als Träger, auf dem sie beim kleinsten Fehler von vorn anfangen mussten, weil dieser auf dem empfindlichen Papier unmöglich ausgebessert werden konnte. Auf diese Weise versuchten Meister und Meisterinnen, Spontaneität wiederzugeben, inhaltlich wie auch technisch.

In Japan wurden viele Jahrhunderte später, zwischen 1730 und 1880, besondere Farbholzschnitte angefertigt, sogenannte Surimono. Das Rijksmuseum in Amsterdam besitzt zwei solcher Holzschnitte, auf denen Tang und Grasschrift zu sehen sind: das eine ist ein Stillleben, das andere stellt den Fühler eines Krebses dar, an dem ein Stück Seetang hängt. Surimono sind aufwendig gestaltete Holzschnitte, auf denen ein Bild mit einem oder mehreren Gedichten kombiniert wird. Beim angewandten Blinddruck wurden oft kräftiges Papier und Metallpigmente wie Kupfer- und Silberpulver verwendet. Häufig gaben Dichter die Holzschnitte als exklusive Geschenke für ihre Freunde und Bekannten in Auftrag.

In der japanischen Dichtung haben Algen fast durchweg glückbringende Bedeutung. In der klassischen Lyrik war oft die Rede von *tamamo,* was üblicherweise mit ›Juwelgras‹ übersetzt wird, wobei offenbleibt, ob damit eine bestimmte Algenart gemeint war.

Drei Haiku auf einem Surimono mit einem Krebsfühler verweisen auf das neue Jahr. Vielleicht wurde das abgebildete Krustentier ja als luxuriöser Teil des traditionellen Neujahrs-Festmahls *Osechi-ryōri* serviert? Ein Haiku auf diesem Stich lautet:

Lasst uns den alten Bambusschnitter
darum bitten:
Bambusornamente.

Zu Neujahr werden in Japan die Eingänge wichtiger Gebäude und die Türstöcke von Privathäusern mit Bambusgirlanden geschmückt, dem Symbol für Glück und ein langes Leben. Häufig sieht man auch Algenornamente.

Jahresbeginn und Seetang sind fest miteinander verbunden: In der Stadt Kitakyūshū, von der aus man über die Hayatomo-Meerenge blickt, wird alljährlich ein jahrhundertealtes Shinto-Ritual begangen. Am ersten Tag des neuen Jahres nach dem Lunarkalender steigen drei Priester bei Ebbe ins eisige Wasser, um Seetang zu schneiden. Sie sind der Strömung und den Gezeiten ausgeliefert und tragen nur eine Fackel bei sich, Holzeimer und Sicheln. Der frisch geerntete Wakame, der erste des Jahres, wird später im Mekari-Schrein geopfert. Das soll Glück im neuen Jahr bringen. Früher wurde die Mekari-Zeremonie heimlich vollzogen, heute darf man aus der Ferne zusehen.

Die erste Seetang-Ernte des Jahres auf einem ukiyo-e *von Totoya Hokkei.*

Das japanische Wort *ukiyo* verwies im Buddhismus ursprünglich auf den vergänglichen, flüchtigen Charakter der Wirklichkeit. Wörtlich übersetzt bedeutet es ›fließende Welt‹. Ab Mitte des 19. Jahrhunderts waren im Geist des *ukiyo* angefertigte Holzschnitte in Europa sehr beliebt und hatten großen Einfluss auf die künstlerische Bewegung des Fin de Siècle. Im Lauf der Zeit wandelte sich die Bedeutung des Begriffs und verwies vielmehr auf die rastlose Suche nach den vergänglichen Freuden des Lebens im übertragenen Sinn. Mittlerweile hat sich die Bedeutung von *ukiyo* abermals gewandelt, es bedeutet heute ›gefährliches Leben‹ und ›Mut zu leben‹.

Dieses ca. 1834 angefertigte *ukiyo-e* trägt den Titel *Das Algenernteritual in der Provinz Nagato* und gehört zur Serie *Berühmte Orte in den Provinzen* von Totoya Hokkei (1780–1850). Auf den ersten Blick erkennt man, dass die Ernte eine gefährliche Sache ist. Eine hohe Welle bricht über den beiden Männern auf dem Bild zusammen, nebeneinander rennen sie um ihr Leben, durch die Schaumkrone der Welle, die an *Die große Welle vor Kanagawa* von Hokusai, Hokkeis Lehrmeister, erinnert. Trägt der Priester zur Linken ein Gewand oder hängt ein riesiger Kombu über seine Schultern? Spiegelt sich das Grün des Gewands im Wellental oder ist auch das Seetang?

Die japanischen Dichter der Edo-Zeit kürzten und änderten ihre *kana* (Silbenschrift) sehr individuell. Auch Hokusai gestaltete die üblichen Schriftzeichen mal auf diese, mal auf jene Weise um.

Auf dem Surimono (eine besondere japanische Grußkarte) auf der folgenden Doppelseite verweisen der Text und das Bild des Stilllebens mit Seetang auf die Neujahrswünsche wie auch auf den Reichtum des Meeres. Diese Verse sind voller Wortspiele und Doppeldeutigkeiten. *Miru* im ersten Vers ist ein bestimmter Seetang, bedeutet aber auch ›sehen‹. *Arame* ist eine weitere Tangart und bedeutet auch ›hätten wir doch‹, und *nanoriso* schließlich ist ein Seetang, der in der hier gebeugten Form *nanori* ›seinen Namen sagen‹ bedeutet.

Hätten wir doch
Muscheln und Seetang!
– Gurendô

Schiffssegel aus Edo,
eins nach dem anderen –
Boote voller Schätze.

Oh, wie herrlich
zu sehen, dass sie da sind!

Wie die Edelkoralle, wenn sie ihren Namen nennen
fürs gemeinsame Dichten

Alle ordentlich aufgereiht im Schiff voller Schätze
auch Kraniche und Schildkröten,
um Sie, o Herr, anzuspornen zu einem langen Leben[6]

Möglicherweise war dieses Gedicht für den Kaiser oder einen anderen hohen Herrn gedacht. Besonders treffend finde ich das Bild im dritten Haiku, »wie die Edelkoralle, wenn sie ihren Namen nennen / fürs gemeinsame Dichten«.

Die Namen der Dichter (die sie sich vermutlich selbst gegeben haben) werden mit der Schönheit der Koralle verglichen. Gleichzeitig klingt aber an, dass sie nicht mit der Pracht der Edelkoralle mithalten können.

Nach einem Nachmittag Strandgutsammeln sehe ich abends vor dem Schlafengehen die Silhouetten der auf dem Sand ausgebreiteten Algen hinter meinen geschlossenen Lidern – grün und rot, leuchtender als in der Wirklichkeit. Sie treiben namenlos durch meinen Kopf wie die farbigen Sticker, die ich als Kind an die Autoscheibe geklebt habe.

In Amsterdam sehe ich mir *Die Oase von Matisse* an, eine Retrospektive, in der sein Werk in Beziehung zu dem seiner Zeitgenossen gesetzt wird, darunter Malewitsch, Mondrian, Cézanne, Seurat, Kirchner, Picasso, Rothko, van Gogh und Manet. Jeder dieser Künstler abstrahierte in seinem Werk die Realität auf seine Weise. Matisse ließ sich auf einer Reise nach Tahiti von der Vielgestaltigkeit der Algen inspirieren und malte nach der Rückkehr in seinem Atelier Formen, die ihn an die üppige

Der zwischen 1810 und 1850 entstandene Holzschnitt von Kubo Shunman zeigt drei verschiedene Algenarten und Haiku von Haikai Utaba, Takarabune und Gurendô Nakakubo.

Flora und Fauna der Insel erinnerten. Vögel, Korallen, Fische, Quallen, Schwämme wurden bei ihm zu einfachen farbigen Symbolen, sie kamen auf traumartigen Bildern zusammen, auf denen die Schwerkraft aufgehoben zu sein scheint.

1941 war Matisse nach einer Bauchoperation monatelang ans Bett gefesselt. Malen war vorerst nicht möglich. Mit der Unterstützung von Monique Bourgeois, seiner jungen Krankenpflegerin, entwickelte er eine neue Arbeitsweise, bei der er Formen aus farbigem Papier ausschnitt, statt sie mit Pinsel auf Leinwand zu malen. Bourgeois bestrich das Papier mit Farbe, hielt die Scherenschnitte an die gegenüberliegende Wand und befestigte sie nach Matisse' Anweisungen.

So wurden seine ersten Collagen aus der Not geboren. Von Nahem erkennt man, dass an den einzelnen Elementen überall kleine Ecken sind. Die Linien gehen nicht nahtlos ineinander über. Sie verweigern sich der Rundung, aber aus verschiedenen Blickwinkeln formen sie doch einen stockenden, nicht stromlinienförmigen Umriss. Die Silhouetten sind eindeutig ausgehend von Schere und Papier entstanden. Matisse ließ das Kantige, die unregelmäßigen Formen zu, und ebendas macht seine Kompositionen so lebendig.

Im Jahr 1943, lange nach Matisse' Genesung, trat Monique Bourgeois dem Dominikanerorden in Vence bei. Einige Jahre später, 1947, nun bereits als Schwester Jacques-Marie, zeigte sie Matisse eine eigene Skizze für ein Bleiglasfenster und erzählte ihm, die Schwestern in Vence wollten eine neue Klosterkapelle in Auftrag geben, die Chapelle du Rosaire. Matisse hatte sich nie einer Glaubensgemeinschaft angeschlossen und besaß keine Erfahrung mit religiöser Kunst, doch die Vorstellung, ein Fenster zu gestalten, reizte ihn so sehr, dass er anbot, selbst den Entwurf zu machen. Es sollte nicht bei einem Fenster bleiben: Vier Jahre lang arbeitete er an dem, was er als sein Meisterwerk betrachtete. Mit wenigen schwarzen Strichen zeichnete Matisse unter anderem eine Maria mit Kind auf die weißen Keramikfliesen an der Wand der Kapelle und entwarf die Bänke und den Fußboden. Zuletzt kamen die Messgewänder an die Reihe. Matisse suchte die Stoffe für die Gewänder aus, und die Dominikanerschwestern fertigten sie unter seiner Anleitung im Atelier d'Arts Appliqués in Cannes an.

Die Scherenschnitt-Entwürfe für die Messgewänder, jedes traditionell in einer anderen Farbe gehalten, hingen noch 1952 bei Matisse an der Wand – der kirchlichen Liturgie entsprechend waren sie neben rot auch grün, weiß, violett, schwarz und golden. Seine Gäste, darunter Picasso, bewunderten sie und verglichen sie mit aufgespießten Schmetterlingen. Alfred Barr, Autor des ersten Standardwerkes über Matisse, zählte sie zu seinen reinsten Werken.[7]

Zu Pfingsten und an den Namenstagen der Märtyrer werden die Messgewänder heute noch verwendet. Das Tageslicht, das durch die Bleiglasfenster auf den Steinfußboden fällt, verwandelt die Kapelle in ein bewegtes Farbenspiel. Algen aus Licht. Die einfachen schwarzen, von Matisse an die Wand gemalten Linien werden von der Sonne, deren Licht durch die Buntglasfenster fällt, strahlend gelb und grün beschienen. Das gemessene Schreiten des Priesters und seine langsamen Armbewegungen lassen Matisse' Formen auf dem Messgewand frei im Raum schweben, in totaler Einheit, leuchtend und unabhängig.

Das Meer fängt jeden Tag woanders an. Zielstrebig gehe ich auf die Brandung zu. Bei Ebbe ist der Sand von den Wellen aufgewühlt. Meine Füße versinken darin. Ich wate durch knietiefes Wasser und spüre, wie das kalte Nass durch die Löchlein in

Die Blätter des Nitophyllum Smithii *lodern wie Feuer. Joseph Dalton Hooker pflückte dieses Exemplar während seiner Arktisexpedition im Jahr 1842 im eisigen Meer um die Falklandinseln von den Haftorganen größerer Algen.*

den Kniekehlen und Ellbogen meines Taucheranzugs eindringt. Hinter der Insel von Blasentang kraule ich los.

Im Wasser, ohne Stuhlbeine, Fußbank oder Tischplatte, verliert man jeden Halt. Langsames Arbeiten kommt nicht infrage, genauso wenig wie aus dem Fenster zu schauen oder einen Apfel zu essen. Als Unterwasser-Autor muss man alles abstreifen, Demut lernen, einen Bleigurt anlegen, sonst treibt man zurück an die Oberfläche, und weg sind alle frisch notierten Wörter.

Gewaltig ist der Wald, durch den ich schwimme. Eine geheimnisvolle Strömung scheint die Algen zu bewegen, gemächlich schwingen sie hin und her. Beim Schnorcheln in der Bucht verliere ich jedes Gefühl für Maßstab. Noch nie habe ich eine ganze Landschaft in langsamer Bewegung gesehen. Einzelne Pflanzen treiben an mir vorüber, über und unter mir. Obwohl viele fast durchsichtig sind, sehen sie alle lebendig aus. Zerfetzte Ränder, abgerissene Stängel, lose Haftscheiben – erst an Land ergeben sich die Algen dem Zahn der Zeit und schwinden allmählich dahin. Unter Wasser ist weit und breit nicht eine Spur von Verfall zu sehen.

Links und rechts von mir sehe ich aus dem Augenwinkel, dass jede Alge einen eigenen Haftgrund, ein eigenes Territorium hat. Ich versuche mich auf die verschiedenen Entwicklungsstadien zu konzentrieren und untersuche mehrere Büschel auf ihre Form und Maße hin. Während ich mich an einem großen Stein festhalte, bewege ich langsam die Flossen und sehe mich um. Die Sonne scheint, und das Meer ist so klar, dass sich die Wellen auf dem Grund spiegeln. Alles ist in Bewegung, das Wasser, das hereinfallende Licht, der Meeresboden, die Algen und Tiere. Zwei junge Klieschen schießen vor mir davon, die roten Fangarme der Dickhörnigen Seerose wedeln hin und her, und ein kleiner Schwarm Hornhechte versteckt sich, als meine freie Hand einen Schatten wirft. Auf manchen Algen sehe ich andere Algen. Ich streiche mit den Fingern über einen Tangwedel, auf dem ich hauchzarten Brokat sehe, die *Obelia geniculata,* doch ich beherrsche mich und pflücke ihn nicht. Um mich herum lassen Millionen Zoosporen und Gameten in diesem Augenblick eine neue Generation entstehen. All die reisenden, von Leben erfüllten Teilchen auf der Suche nach einem Untergrund, um sich dort niederzulassen, wecken zwiespältige Gefühle in mir. Ob sie sich wohl auch in meinem Innern absetzen werden? Ob das Wasser mich durchlässig macht? Diese wechselseitigen Beziehungen könnte man als Vorbild für eine ideale Welt ansehen, in der die verschiedenen Arten einander tolerieren und unterstützen, um im Strom zu überleben. Symbiose in Reinform.

Der US-amerikanische Maler Ellsworth Kelly studierte Kunst in Brooklyn, als er im Zweiten Weltkrieg eingezogen wurde und als Soldat nach Frankreich gehen musste. Er kam zum 603rd Engineers Camouflage Battalion, einer Einheit der so genannten *Ghost Army,* und beschäftigte sich dort unter anderem mit der Tarnung militärischer Anlagen und der Entwicklung von Täuschungsmanövern, mit deren Hilfe Angriffe manipuliert werden konnten.

Die Genauigkeit, die man für Camouflage in einem bestimmten Umfeld auf zwei- und dreidimensionaler Ebene braucht, beeinflusste Kelly sicherlich, und es wird nachvollziehbar, dass er als Künstler nach der reinen Form strebte, die nichts

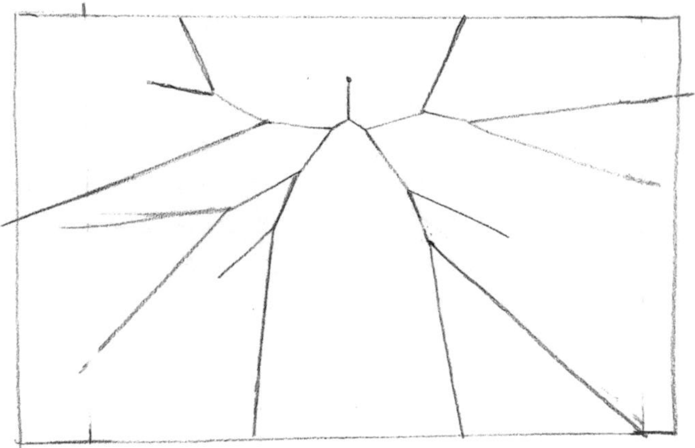

Ellsworth Kelly, Study of Seaweed, *1949.*

Konkretes darstellt. Mitte der vierziger Jahre begann Kelly, Strichzeichnungen von Pflanzen anzufertigen. Bei seinen Studien handelte es sich hauptsächlich um die Umrisse von Blättern, Stängeln und Blüten, die er in fließenden, treffsicheren Linien aufs Papier warf. Kellys Werk ist minimalistisch und trotzdem dynamisch. Die pflanzlichen Formen fing er mit festem Strich ein. Kelly hat die Pflanzenteile durch Transparentpapier gepaust. In den Kriegsjahren hatte sich sein Blick auf Hell, Dunkel, Vorder- und Hintergrund, Form, Gegenform und Tarnfarbe spezialisiert, eine Fähigkeit, die er nach und nach auf sein Werk übertrug. In dieser Serie verschmelzen Thema und Umfeld. Die dargestellte Wirklichkeit ist zweidimensional, aber voller Leben, und sein Herbarium ist zwar weiß, aber alles andere als steril. Zwischen 1947 und 1949 zeichnete Kelly eine Reihe sehr unterschiedlicher Meeresalgen. Für *Study of Seaweed* heftete er einen Tangwedel an die Tür seines Häuschens auf der bretonischen Insel Belle-Île. In der Zeichnung verzichtete er bewusst auf jedes fachmännische Können. Die Schattenlinien, die vielleicht nur Pentimenti waren, Korrekturen, weil der Tang nicht mitten auf dem Blatt gelandet war, durften bleiben. Dadurch wirkt das Bild wie ein Ausschnitt, doch der Rahmen, den Kelly ums Ganze gezogen hat, verleiht der Alge etwas Doppeldeutiges. Sie wird gehalten und ist lose zugleich, auf dieselbe Art, wie Seetang am Untergrund haftet.

Als es am Strand anfängt zu hageln, füllen die Hagelkörner zuerst die Riffel im Sand auf. Die ehemaligen Wellen zeichnen sich im Relief ab – eine Welle aus Hagelkörnern über einer Welle aus Sand. Wind peitscht den Hagel tief übers Watt in Richtung Brandung. Algen liegen ihm im Weg und halten ihn auf. Ich betrachte die kullernden Murmeln. Auf der Windseite wird der Tang immer weißer. Der Hagel häuft sich zu Buchstaben an – zusammengeballte Eiskristalle schreiben einen unlesbaren Text in den Sand. Jede angespülte Alge kreiert eine andere Schriftart. Braunalgen schreiben in Großbuchstaben, Knotentang-Stränge machen kursive Anmerkungen. Größere Hagelkörner suchen sich größere Algen aus, kleinere Hagelkörner kleinere Algen. Als ich eine halbe Stunde später wieder zurückgehe, hat sich der Text verschoben und sind die weißen Schattenränder um die Algen verwischt.

Algenlust

Seetang wogt und wogt und wirbelt
als wäre das Wogen seine Form von Stille;
und spült er gegen grimmige Felsen,
huscht er darüber hinweg wie ein Schatten, unverletzt.

D. H. LAWRENCE

Seetang ist oft zu groß für die gängigen Pressen, also wird er zu Forschungszwecken zusammengefaltet präpariert. Daran stören sich die Zeichner nicht und stellen die Alge ebenfalls gefaltet dar. Auf meine Frage nach den Regeln fürs Präparieren von Algen antwortete der Konservator des Rijksherbarium Leiden: »Vorder- und Rückseite von Haftorgan, Mittelrippe und Wedel sollen gezeigt werden, alle Teile, zu unterschiedlichen Jahreszeiten gepflückt, tragen zur Sammlung bei. Aber über die Komposition machen sich Algologen wirklich keine Gedanken.« Das nahm ich ihm nicht ab. Wenn man sich solche Mühe mit der perfekten Präsentation einer an einem bestimmten Datum und Ort gefundenen Art gibt, legt man sie nicht blindlings aufs Papier, sondern so natürlich wie möglich. Die wissenschaftlichen Zeichnungen der Algenarten in der *Phycologia Britannica* von Professor Harvey wurden mit feinsten Pinseln und farbechter Tusche unglaublich elegant in die zweidimensionale Ebene übertragen. Manchmal liegen zwei Arten dicht nebeneinander, so dicht, dass mir ganz warm davon wird.

Die innige Umarmung eines Flügeltangs mit einem Zuckertang in British Seaweeds, *um 1867 beschrieben und gezeichnet von Samuel Octavus Gray.*

Das ist keine rein wissenschaftliche Abbildung, sondern auch ein Liebesbeweis. Die Alge findet ihre Entsprechung in Tusche. Harvey stellt sie halbiert dar, damit man in ihr Inneres blicken kann, einen Querschnitt der Mittelrippe, den Zellaufbau, ein Fortpflanzungsschema. Man sieht dem Bild an, wie schwierig es gewesen sein muss, die Alge zu bändigen. Aber Harvey war dieser Herausforderung gewachsen. Stunde um Stunde beugte er sich über seine Musen, legte die Falte in der Mitte des Seetangs exakt in den Falz. Auf diese Idee kommt man nur, wenn einem die Gestaltung sehr wichtig ist.

In Linnés Systematik gehören Algen zusammen mit Moosen, Farnen und Flechten zu den sogenannten Verborgenblühern oder Kryptogamen, weil sie auf eine für uns unsichtbare Weise blühen. Das lateinische *kryptos* bedeutet verborgen und *gamos* Hochzeit. Doch so geheim Blüte und Fortpflanzung verlaufen mögen, Meeresalgen sind die Verführer schlechthin. Sie gehören einer der sinnlichsten Familien im Pflanzenreich an. Nicht von ungefähr nannte man sie auf Japanisch *wakame*, ›junges Mädchen‹, und dachte dabei wohl an die Tangpflückerinnen, die die anmutigen Bewegungen der Pflanzen, die sie ernten, spiegeln.

Die meisten frühen japanischen Gedichte über Seetang wurden in der Heian-Zeit verfasst, zwischen 794 und 1185, Meeresalgen wurden damals mit Liebe und Verlangen assoziiert. Doch auch schon vorher waren sie als Motiv aufgegriffen worden, wie in diesem berühmten Langgedicht, auf Japanisch *chōka,* von Kakinomoto no Hitomaro, in dem er um seine verstorbene Frau trauert (etwa 660–720).

Am Meer von Iwami, / wo Efeu die Felsen umrankt,
bei dem Kap Kara, / fern, wie sein Name schon sagt,
umschlingt die Riffe / Tang in den Tiefen der See,
grünt an steinigem Strand / Seegras in üppiger Pracht.
Dort wuchs die Liebe / tief wie der tiefen See Gras
zu jenem Mädchen, / das mich umschmiegte wie Tang.
Die Nächte zu zweit / aber waren nicht viele.
Ranken vom Efeu gleich, / trennten wir uns nur schwer.
Das Herz in der Brust / krampft' sich in quälendem Schmerz,
und voller Sehnsucht / wandte den Blick ich zurück.
Jedoch ein Vorhang / aus wirbelndem farbigem
Laub in den Bergen / nahe der Furt durch den Fluß
ließ nur verschwommen / die Ärmel der Liebsten mich sehen.
Wie der wandernde Mond / Über dem Dachberg – Zuflucht
den Frauen in Trauer – / sich hinter Wolken verbirgt,
entschwand sie mir ganz / zu all meinem Kummer,
grad als die Sonne / am Himmelgewölbe versank.
Glaubte ich von mir, / männlich stark, standhaft zu sein,
wurden die Ärmel / meines Gewandes doch feucht
von Tränen, die ich vergoß.[8]

Der Rauch, der beim Verbrennen von Tang zur Salzgewinnung am Strand entsteht, linderte nicht das heftige Verlangen in einem Gedicht von Fujiwara no Hideyoshi (1184–1240).

Aus Hütten an der Küste
Wo die Meeresleute salzigen Tang verbrennen
Steigt in der Dämmerung Rauch auf
Wie Gerede zu meinem Schmerz aufsteigt
Aus den noch schwelenden Feuern der Liebe.[9]

Der Meersalat auf einem eingefärbten Kupferstich aus der Flora Batava *sieht aus wie eine Landschaft oder eine Wanderkarte.*

Zum Glück bietet uns folgende Passage Trost, die fast ein halbes Jahrtausend später geschrieben wurde. Der Brite Roger Deakin fand sich, als er auf dem Fluss Erne in Cornwall dem Meer entgegenschwamm, ganz von Grünalgen eingepackt wieder:

Ich warf mich hinein und schwamm landeinwärts. An meinen Beinen spürte ich die hereinströmende Flut, die mich entlang der Küste auf die fernen Wälder zuschob. Immer wenn mich ein Wedel Meersalat streifte oder sich um meine Arme legte, dachte ich, es wäre eine Qualle, und zuckte zusammen. Aber bald gewöhnte ich mich daran; mit jeder heranrollenden Welle spülte eine neue Ladung Seegras heran, die mich umschlang. Ich schwamm weiter, bis ich mich, von hinten durch die Dünung geschoben, regelrecht darin auflöste.[10]

Hätten die Brüder Lumière die Farblithografie des Meersalats in der *Flora Batava* gesehen, hätten sie vielleicht noch einen zweiten Teil ihres berühmten *Danse Serpentine* von 1896 gedreht. Eine vollkommen grüne, Bild für Bild eingefärbte Version. In dem Film wedelt die Erfinderin des Serpentinentanzes, Loïe Fuller, in einem weit schwingenden Kostüm mit den Armen wie mit frei sich bewegenden Mühlenflügeln. Der übergroße Seidenrock fließt um sie herum. Viele Meter Stoff werden auf eine solche Weise auf und ab bewegt, dass die Gestalt von Fuller immer wieder verschwindet. Das Bild erinnert an eine Nachtkerze, die sich öffnet und wieder schließt, doch der Stoff kreist auch horizontal. Es ist ein hinreißender Anblick, alles schwingt und flattert minutenlang, hemmungslos und überschwänglich wie ein abgerissener Wedel Meersalat.

Frauen im Algenkostüm, warum auch nicht. Im *Hammond Lake County Times Newspaper* von Sonntag, dem 10. Dezember 1920 begegnet mir eine bemerkenswerte Schlagzeile:

Die schwindelerregenden Pirouetten einer als Meersalat vermummten Loïe Fuller.

Alfred Guillou, Mère et enfant au bord de la mer, *Ende des 19. Jahrhunderts.*

Hula-Hoop-Rock gefällig?
Ruth holt sich einen aus dem Meer

Filmstar Ruth Roland wollte sich kürzlich einen Hula-Hoop-Rock kaufen, ließ es aber bleiben, weil er so teuer war. Einen Tag vor dem Fest kam sie auf eine sagenhafte Idee: Seetang! Auf zum Meer, einmal hineingehüpft und schon tauchte sie – wie von unserem Kameramann hier festgehalten – zusammen mit dem Rock auf.

Zu gern hätte ich sie in ihrem salzigen Outfit tanzen sehen. Sie muss die Attraktion des Abends gewesen sein. Aber mit einem solchen Naturröckchen muss man immerzu herumwirbeln, denn im Ruhezustand ist es sicher bald vorbei mit dem Charme.

Alfred Guillou (1844–1926) malte das friedliche Bild einer jungen Mutter mit ihrem schlafenden Kind, *Mère et enfant au bord de la mer. Mère* und *mer,* wie nah sich diese Wörter sind. Das Kind liegt auf einem Haufen Blasentang. Der weiche Untergrund sorgt für Abkühlung. Der Blick der Mutter ist zärtlich und wachsam zugleich. Mit einem Nadelspiel strickt sie einen Strumpf oder eine Mütze und wendet dabei den Kopf ihrem im tiefen Traum versunkenen Kind in seinem himmelblauen Kleid zu. Der Tang dürfte einen Abdruck auf Ärmel und Röckchen hinterlassen. So zart wie bei Damast, der vom Spiel der Schatten auf dem Gewebe lebt.

1790 entwarf der in Dublin zum Textildrucker ausgebildete Ire William Kilburn (1745–1818), einer von drei Illustratoren der sechsbändigen *Flora Londinensis* von William Curtis, einen sagenhaft teuren Stoff für die englische Königin Charlotte, die Frau von König George III. Sein Entwurf basierte auf unterschiedlichen Arten von Meeresalgen; diese wurden in große Holzblöcke eingeritzt und in sieben Farbgängen in Kilburns eigener Kattundruckerei in Wallington, in unmittelbarer Nähe von London, auf Baumwollstoffe gedruckt.

Das Victoria and Albert Museum in London besitzt ein Album mit 223 Wasserfarbskizzen von Kilburns Hand, sie sind zwischen 1788 und 1792 entstanden. Viele stellen einheimische Pflanzen dar, die aussehen wie aus der *Flora Londinensis* entwischt und verwildert. Unter den Entwürfen befinden sich auch rund dreißig ausgearbeitete Skizzen von Algen und Korallen, manche naturgetreu, andere stilisiert. Auf einen Skizzenvorschlag hat der perfektionistische Kilburn ein kleines Stück Papier aufgeklebt, etwa einen Quadratzentimeter groß, mit einer minimalen Korrektur darauf. So leicht und beschwingt seine Entwürfe scheinen, sie unterlagen doch bis in den letzten Millimeter einem strengen Regime.

In der Restaurierungswerkstatt des Museums liegt ein Kleid aus einem Stoff, der von Kilburn entworfen und bedruckt wurde, höchstwahrscheinlich auf handgesponnene ungebleichte Baumwolle; darauf sind schwarzlila, tiefrot-lila, violette und hellviolette Algen auf unergründliche Weise miteinander verflochten. Das Muster ist so komplex, dass sich die Reihenfolge der Druckgänge nur erahnen lässt.

»Das Kleid ist in einem miserablen Zustand, verschlissen, stellenweise eingerissen und schlampig geflickt«, sagt die Restauratorin, »aber wir haben es erworben, weil es der einzige überlieferte authentische Stoff von Kilburn ist.« Sinnlich verspielt liegt das Kleid über und über gefältelt auf dem langen Tisch. Sein Muster kommt mir aus dem *Kilburn Album* bekannt

Der zarte Stoffentwurf von William Killburn lässt sich kaum von einer natürlichen Algenformation unterscheiden.

vor, aber hier sind die Linien etwas breiter ausgefallen. Die detaillierte Zeichnung zeugt durch die Komplexität, in der sich die verschiedenfarbigen Algen scheinbar zufällig wiederholen und subtil miteinander verflechten, von einer großen Virtuosität. In ihr schlägt sich das außergewöhnliche Bündnis zwischen exakter naturalistischer Illustration und der meisterhaften Fertigkeit der Holzschneider nieder. Es ist alles andere als selbstverständlich, so zarte Entwürfe mit einer der gröbsten Drucktechniken umzusetzen, und kann nur den besten Handwerkern gelingen.

Vielleicht kam Kilburn mit seinen Entwürfen nur einem Trend seiner Zeit entgegen. Die Sehnsucht nach der Küste als Ort zum Flanieren und das gesteigerte Interesse am wissenschaftlichen Klassifizieren der rätselhaften, furchterregenden Meeresorganismen kamen zur gleichen Zeit auf. Kilburns Entscheidung, hochwertiges Kattun mit Algenmotiven zu bedrucken, kann man also auch als klugen Schachzug ansehen, um die Herstellung rentabel zu machen. Mit seinen Stoffen gab er dem Bürgertum die Möglichkeit, die neuesten Entdeckungen zur Schau zu stellen. Man bewies seine Fortschrittlichkeit und Entdeckerlust durch den Besitz eines Raritätenschranks, einer Kollektion illustrierter wissenschaftlicher Werke, einer Muschelsammlung und auch eines Kleides mit Algenmotiven.

Zu Kilburns großem Ärgernis wurden seine Stoffe manchmal schon binnen zehn Tagen von rivalisierenden Firmen kopiert. An seine Entwürfe kam keiner heran, die Stoffe der Konkurrenz waren von schlechterer Qualität und längst nicht so farbenfroh, da sie aber auch nur zwei Drittel dessen kosteten, was Kilburn verlangte, fanden sich dennoch Abnehmer dafür. Zu

Recht wollte er dem Plagiat ein Ende setzen. William Kilburn setzte sich als Erster überhaupt für den urheberrechtlichen Schutz von Stoffentwürfen ein. 1787 unterschrieb er eine Petition zum Schutz der Designer. Zum ersten Mal in der Geschichte wurden Muster auf Leinen, Kaliko, Kattun und Musseline für eine Dauer von zwei Monaten gesetzlich geschützt – keine lange Zeit, aber immerhin wurde der Verkauf von Imitaten auf diese Weise etwas hinausgezögert.

Auf einer Zeichnung von Samuel Octavus Gray überlagert eine hauchzarte Callophyllis laciniata *die spargelähnlichen Thalli zweier Rotalgen.*

Schallwellen

Jedes Wort der Erde wurde irgendwann einmal zum ersten Mal ausgesprochen. Häufig war der Erfinder des Worts auch der Entdecker dessen, was da benannt wurde. Bei der Übersetzung in die Sprache waren oft besondere Merkmale der Arten ausschlaggebend. Der Name ist Gebrauchsanweisung und Spickzettel sozusagen. Er hilft uns beim Kennenlernen und Bestimmen neuer Arten. Kein Wunder, dass man sich als beginnender Algensammler nicht gleich an die lateinischen Namen wagt. Beim Durchblättern von Algenfloren merkt man sich als Erstes den Pflanzennamen in der Muttersprache und prägt sich automatisch das Erscheinungsbild ein. Rein nach dem Äußeren. Eine Prozession farbenfroher Prunkwagen voller Algen zieht am Betrachter vorüber. Für bildhafte Bezeichnungen haben die Engländer eine besondere Gabe: *Beautiful Eyelash, Pink Plates, Purple Claw, Shaggy Hair Weed, Rosy Dew Drops* und *Oyster Thief.*

Wenn es um Namen geht, bleiben niederländische Meeresbiologen bis auf wenige Ausnahmen wie den *bloedroede zeezuring* (blutroter Meerampfer) eher nüchtern. Man nehme das *viltwier* (Filzalge), benannt nach dem dunkelgrünen Filz, mit dem Billardtische bezogen sind. Im Deutschen wird hier die Form betont, die Alge heißt *Gabelzopf-* oder *Gabelalge.* Die Franzosen gaben ihr den wunderbaren Namen *algue chou-fleur,* Blumenkohlalge. Vor allem, wenn man sie von oben betrachtet, hat sie wirklich Ähnlichkeit mit Blumenkohlröschen. Auch hier gingen die Engländer noch einen Schritt weiter. Sie sind erfinderischer, gaben der samtenen Alge poetische Namen wie *Green Sea Fingers, Dead Man's Fingers, Atlantic Green Sponge Fingers, Green Fleece, Sputnik Weed* und *Velvet horn.*

Oft verraten die Namen auch das Habitat oder die Verbreitung eincr Art, wie bei der *Cladophora vagabunda.* So nannte Linné die Alge, weil sie wandert und auf der ganzen Welt verbreitet ist.

In einer Sprache, die in großer Entfernung vom Meer gesprochen wird, dem Rätoromanischen in den Schweizer Alpen, gibt es kein Wort für Seetang. Wer dort darüber sprechen will, muss auf die Amtssprachen zurückgreifen und das deutsche *Meeresalgen* oder das italienische *alghe* verwenden. Das Rätoromanische ist vom Aussterben bedroht. Es gibt nur noch sechsunddreißigtausend Sprecher, und viele Wörter sind aus der Umgangssprache verschwunden. Im Jahr 1904 versuchte Robert von Planta die Sprache zu retten und fing an, das Wörterbuch *Dicziunari Rumantsch Grischun* zusammenzustellen. Die für dieses Werk gesammelten Begriffe gehen bis ins 16. Jahrhundert zurück. Inzwischen ist der vierzehnte Band erschienen, und man arbeitet am Buchstaben M. Die kostbare, an die fünf Millionen Archivkarten umfassende Sammlung von Einträgen lagert auf Mikrofilm in einem Bunker in der Nähe des Gotthardtunnels. Chasper Pult, Etymologe und Kulturvermittler – der denselben Namen trägt wie sein Vater, der Florian Melcher von Planta beim Sammeln und Ordnen der Wörter unterstützte –, sah für mich nach, ob es nicht doch irgendwann ein Wort für Seetang gegeben hatte. Die einzig mögliche Ver-

In klarem Wasser wächst Fingertang ungewöhnlich schnell, vor allem an Stellen, die nur selten trockenfallen.

bindung war ›Ritscha‹, der Plural von ›Haarsträhne‹. Als er noch ältere Wörterbücher wälzte, fand er im 1895 von Zaccaria Pallioppi begonnenen *Dizionari dels idioms romauntschs* eine ganz andere Bedeutung: Fabelwesen und altes Weib, das unter Wasser lebt und unartige Kinder dorthin entführt.

Kleinen Kindern, die beim Abspülen halfen, sagte man früher, wenn man das Wasser ablaufen ließ: »Guarda, uossa vain la Ritscha!« (»Pass auf, sonst kommt die Meerjungfrau!«) Der Strudel unten in der Spüle sollte die Kinder vor der Gefahr warnen, vom Wasser in die Tiefe gesogen zu werden, wenn sie in der Nähe eines Brunnens oder am Fluss spielten. Offenbar war auch die Redewendung: »Scha tü nu fast da brav, clomi la Ritscha!« (»Wenn du nicht brav bist, rufe ich die Meerjungfrau!«) sehr gebräuchlich, wobei diese den Ruf hatte, Kinder gefangen zu nehmen und in Ketten zu legen.

»Bütscha la Ritscha!« (»Küss die Meerjungfrau!«), das sagen die Fischer in Graubünden heute noch, um sich gegenseitig einen guten Fang zu wünschen. Im Süßwasser scheint mir das allerdings ziemlich schwierig. Der Band mit dem Buchstaben R soll im Jahr 2039 erscheinen. Chasper Pult junior hat mir hoch und heilig versprochen, dass in ihm ein Hinweis auf Algen aufgenommen wird.

Badender im Meer

Bis zur Hüfte in den Wogen steht er,
halb Mensch nur und halb Koralle,
wo sich das Weichtier in seiner Schale
der Scham lässt treiben von Tang und Seegang.

Spritzt ihm die Gischt noch übern Torso,
wird er zum Ding aus ner alten Mär,
für immer fort von den fernen Menschen
nur von mir nicht, der ich in einer fremden Sprache
über ihn berichte – und dabei in ihm atme.

G. J. RESINK

Im Mai 1403, kurz nach dem Erscheinen eines Kometen am Himmel, wütete ein heftiger Sturm in der Zuiderzee, und die umliegenden Deiche wurden beschädigt. Damals sahen Milchmädchen aus Edam, die nach dem Unwetter zu ihren Kühen übersetzten, ein wildes Meerweib durch ein Loch im Deich in den Purmersee schwimmen. Sie flohen vor dem teils von Algen überwucherten Ungeheuer. Da sie aber jeden Morgen und jeden Abend dieselbe Strecke ruderten, gewöhnten sie sich an das ungezügelte Weibsbild und fischten es nach einer Woche aus dem Wasser. Im Milchkahn brachten sie sie nach Edam, wo sie ihren grünen Leib schrubbten, sie ankleideten und ihr etwas zu essen gaben.

Die Seejungfrau sehnte sich nach dem Meer, doch die Edamer ließen sie nicht gehen. Aus dem ganzen Land strömten Menschen herbei, um sich das Meerweib anzusehen. Auch die Bewohner der mächtigen Stadt Haarlem hörten von dem Wunder und forderten das Wesen ein. Dort lebte sie noch viele Jahre und erlernte das Spinnen.

1645 schrieb Casper van Wachtendorp:

Sie jaulte wie ein Hund, meist mitten in der Nacht,
Und ward vom ersten Licht wieder zur Ruh gebracht,
Fische, ihr eigenes Fressen, fing sie mit den Händen,
Doch schabt sie erst die Schuppen ab mit ihren scharfen Zähnen,
Und kam durch Zufall ihr ne Pfeifente oder ne Wasserente entgegen,
Dann rupft sie ihr die Federn aus und lässt sich daran nichts gelegen.

Wer einen Blick auf die Furie werfen möchte, muss nach Edam, wo sie am Jan Nieuwenhuizenplein 15 auf einer Fassade verewigt wurde. Man sieht dort zwei Milchmädchen, die Eimer an einem Joch tragen, und die nackte spinnende Meerjungfrau in ihrer Mitte.

Die alten Griechen fürchteten sich vor dem Meer. Sie glaubten an Pontos, den Meeresgott der Stürme, Wracks und Schiffbrüchigen. Er und seine Gemahlin Thalassa hatten Haare aus Tang, in denen sich die Seefahrer verfangen konnten. Manchmal eilten ihnen dann Wassernymphen zu Hilfe, öfter lockten sie sie aber mit ihrem verführerischen Gesang und ihren Schärpen aus Seetang in den Tod.

T. S. Eliot beschreibt diese Gefahr in seinem Gedicht *J. Alfred Prufrocks Liebesgesang:*

In Meergewölben ward uns Aufenthalt
Bei Nixen in rotbraunen Seetangs Winken
Bis Menschenlaut uns weckt, und wir ertrinken.[11]

Dieselbe Warnung klingt im Märchen von Nitella und Alba an. Lange bevor das von Seetang überwucherte Meerweib im Purmersee gesichtet wurde, lag die verführerische Nymphe Alba, gehüllt in ihr blondes Haar, am Ufer eines südlicheren Sees. Als sie Nitella erblickte, den Gott des Haarwuchses, winkte sie ihn herbei und flüsterte ihm ins Ohr: »Deinen Körper, ich sehe ihn nicht, dein Gesicht, ich sehe es nicht, ich könnte dich ja lieben, nur schade, dass du über und über mit langen Haaren bedeckt bist. Ich würde mich drin verfangen, wenn wir zusammen schwimmen gingen. Schneide dir das Haar ab und ich werde deine Geliebte.« Nitella ließ sich auf Albas radikalen Wunsch ein, und sein Haar sank langsam zum Meeresgrund.

Als Alba und Nitella einander im Wasser umarmten, polterte plötzlich der oberste Gott: »Du Trottel hast aus Verliebtheit deine größte Gabe preisgegeben. Du hast es nicht verdient, ein Gott zu sein! Ab heute sollst du glatzköpfig herumschwimmen und dich in den von dir verschmähten Haaren verfangen. Und du, Alba, hast wieder einmal einen Mann zu unseligen Taten verführt. Doch heute soll das letzte Mal gewesen sein. Künftig wirst du als Wasserpflanze fortleben.« Und mit einem gewaltigen Windstoß verschwand der oberste Gott und ließ die Liebenden fassungslos zurück.

Nur wenige Zeit später verfing sich Nitella kahl und nackt in seinen eigenen, immer länger werdenden Haaren, die sich bis zum heutigen Tag vermehren. Sie kommen im Süß- und Salzwasser vor und werden Algen genannt. Die blonde Nymphe lebt als *Nimphaea alba* fort. Im Sommer verzaubern ihre weißen Blüten mit dem goldgelben Herzen die Wassergräben und Seen. Ihre großen obenauf schwimmenden Blätter erinnern heute noch an ihre Verführungskünste: Sie sind herzförmig.

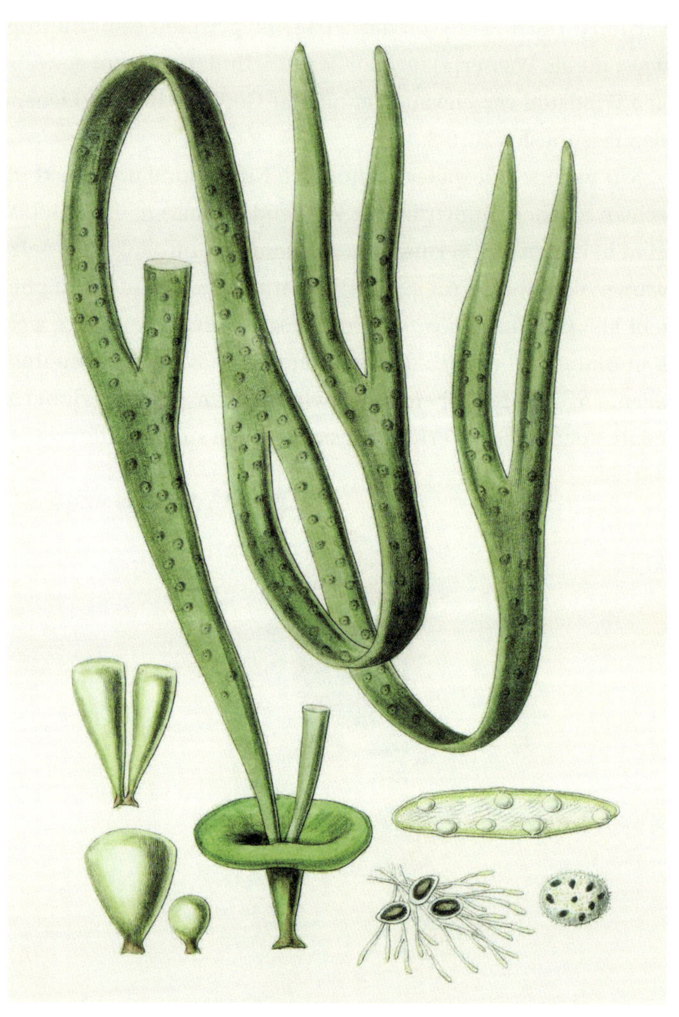

Riementang sprießt aus kleinen Hörnern, die sich, losgelöst von der Haftscheibe, in Minispitzhüte verwandeln.

Grammophon

Stürme sind der Traum jedes Strandgutsammlers, denn nach ihnen ist der Strand voller Schätze. Fischkisten mit der Aufschrift ›gestohlen in Whitehaven‹ oder ›gestohlen in Castletownbere‹ (dabei sind die Kisten nur über Bord gegangen und angeschwemmt worden), Stücke abgerundetes Treibholz, ein Plastikpalmenzweig, eine abgetakelte Krebsreuse, ein verknäueltes, dreißig Meter langes Seil, Wasserflaschen voller Sand, vom Kopf gewehte Käppis, Pinsel ohne Borsten, Topfdeckel ohne Henkel, Eimer ohne Boden, ein rosa Laufelefant, ein Stück Fangnetz mit einem einzigen Schwimmer daran und zu guter Letzt ein merkwürdiger, winziger Hexenhut. Der ist nicht größer als ein Fingerknöchelchen, rabenschwarz, spitz zulaufend und oben umgebogen. An der Unterseite befinden sich zwei winzige Paletten. Ein rätselhaftes Ding. Nachdem ich das Hütchen aufgelesen habe, verwandelt sich der Strand in eine ausgedehnte Sandwüste, in der eine kleine Gestalt etwas verloren hat. Der Maßstab der Landschaft steht kopf.

Das Hütchen stellt sich als der Anfang einer *Himanthalia elongata* heraus, eines Riementangs. Die jungen Sprosse sind essbar, man nennt sie auch Meeresspaghetti. Die dunklen Fäden können bis zu sechs Meter lang werden. Riementang durchläuft seine Entwicklung in zwei Stadien. Im ersten Jahr haftet sich der kleine knotenförmige Thallus in seichtem Wasser an den Untergrund. Im zweiten Jahr sprießen zwei Thallusbänder aus dem Knubbel, auf deren Oberfläche sich die Fortpflanzungsorgane befinden. Im Winter, wenn alle Fortpflanzungszellen sich ausgebreitet haben, sterben die Riemen ab und nur die glasigen grünen Knubbel bleiben übrig. Nach Stürmen findet man an der Nordsee oft ganze Spaghettiwälder am Strand.

Die Tanghütchen auf meinem Schreibtisch erinnern mich an Thomas Edisons Phonographen oder auch an das Grammofon, das Brian Sweeney Fitzgerald, gespielt vom legendären Klaus Kinski, in Werner Herzogs *Fitzcarraldo* auf die Molly Aida mitnahm. In dem Film gibt es eine sagenhafte Szene, in der Fitzgerald das Grammofon langsam ankurbelt; Enrico Carusos Stimme schallt über den Fluss, die Arie hallt vom dicht bewachsenen Ufer zu beiden Seiten wider.

Das schwarze Horn auf meinem Schreibtisch bleibt stumm, aber inzwischen hat es von acht ähnlichen Tuten Gesellschaft bekommen. Zu gern würde ich Lee Pattersons *Pond Weed* auf ihnen spielen, ein Stück, in dem das Wachstum des Rauen Hornblatts in einem Teich bei Manchester durch die Geräusche der Tausenden kleinen Sauerstoffbläschen hörbar wird, die die Pflanze abgibt. Ihr Blubbern erschafft komplexe Rhythmen. Patterson war der Meinung, dass jedes Bläschen eine andere Vibration hervorriefe, die von der Pflanze an die Oberfläche aufstieg. Je mehr Licht ins Wasser fiel, desto mehr Bläschen stiegen um das Hornblatt auf, was einen aufpeitschenden Rhythmus und unterschiedliche Töne zur Folge hatte.

Für *From Strings to Dinosaurs* stellte der Musiker Andreas Greiner vier durchsichtige, mit Meerwasser gefüllte Kanister in einem völlig abgedunkelten Raum auf die Saiten eines Klaviers. Im Wasser waren Meeresleuchttierchen: einzellige Algen, die bei Vibrationen blau aufblitzen. Von solcher Biolumineszenz haben Seefahrer oft berichtet.

Dreizehn Minuten lang baute sich die Komposition nach der Logik der Zellteilung auf (2, 4, 8, 16 etc.), hin zu einem Höhepunkt aus Blitz und Licht, bis beides danach langsam wieder abklang.

In einer Bucht bei Laimhrig nan Draoidhean sind lose Fingertang-Stöcke liegengeblieben. In den Winterstürmen wurde der ganze Wedel zerschlagen, der Tang ist nicht mehr seetauglich. Als dichter Nebel aufkommt, verwandelt sich die Landschaft in einen Konzertsaal. Die Digitata-Stöcke trommeln auf die Felsen. Fasziniert lausche ich dem auflandigen Spielmannszug, der die Trommelwirbel für den nächsten Zapfenstreich probt. Falls, wie man sagt, jede siebte Welle wirklich höher und länger ist als die vorherigen, müsste es möglich sein, den Rhythmus des Meeres aus dem Getrommel herauszuhören. Ich setze mich dicht beim Wasser auf einen Stein und lausche konzentriert. Mit jeder Minute kommen neue Klänge hinzu, die Brandung wird zum Orchestergraben. Ich lausche dem Rauschen der Nebelteilchen, höre leise plätschernde Wellen, die lauten Brechern vorangehen, das lange Auslaufen des Wassers, den letzten Rest der Flut, Tang, der über anderen Tang hinweggespült wird, und das Platzen der Bläschen im Sand, nachdem das Wasser sich zurückgezogen hat.

Als sich der Nebel einige Stunden später lichtet, liegt die Partitur der Musik, der ich gelauscht habe, weit ausgebreitet auf dem Strand – eine Notenschrift aus Algen.

Fucus filum, *hin und her schwingend auf seiner selbst gewählten Bühne neben einem* Focus nodosus, *eingetaucht in flüssiges Gold.*

Dúlamán, Rinnentang auf Irisch, heißt auch ein Volkslied, in dem der Charme von Seetang besungen wird. Die irische Band Clannad gab 1976 ein Album mit diesem Namen heraus, und die Liedmelodie wurde im Computerspiel *Endless Ocean: Blue World (Adventures of the Deep)* verwendet.

Mit Dúlamán werden auch die Kinder gern in den Schlaf gesungen. Gut möglich also, dass das irische Wort für Seetang eines der ersten ist, die einem Kind vertraut sind.

Oh, liebe Tochter, hier kommen deine Freier
Oh, liebe Mutter, dann setz mein Spinnrad in Gang
Seetang von der gelben Klippe, Irischer Seetang
Seetang aus dem Meer, der beste in ganz Irland.

Einen goldenen Kopf hat der gälische Seetang,
Zwei unverblümte Ohren hat der stattliche Seetang,
Gepunktete Schuhe hat der Irische Seetang.
Der stattliche Seetang trägt Mütze und Hose
Seetang von der gelben Klippe, Irischer Seetang
Seetang aus dem Meer, der beste in ganz Irland.

Ich würde nach Derry gehen mit dem Irischen Seetang.
Ich würde ihr teure Schuhe kaufen, sagte der Irische Seetang.
Ich erzählte ihr lang und breit, ich würde ihr einen Kamm kaufen.
Darauf sagt sie, sie sei schon gut gekämmt
Seetang von der gelben Klippe, Irischer Seetang,
Seetang aus dem Meer, der beste in ganz Irland.

Was hast du hier zu suchen, fragt der Irische Seetang.
Ich freie um deine Tochter, sagt der stattliche Seetang.
Meine Tochter kriegst du nicht, sagt der Irische Seetang.
Dann nehme ich sie mir eben, sagt der stattliche Seetang.
Seetang von der gelben Klippe, Irischer Seetang,
Seetang aus dem Meer, der beste, der beste
Seetang von der gelben Klippe, irischer Seetang,
Seetang aus dem Meer, der beste in ganz Irland.

Knotentang scheint sich unter allen Algen am besten als Musikinstrument zu eignen. Er wird bis zu acht Jahre alt und etwa anderthalb Meter lang. An den Trieben wachsen große, mit Gas gefüllte Schwimmblasen. Jedes Jahr kommt eine Blase hinzu. Wenn der Knotentang trocken ist, kann man die Bläschen wie Schneebeeren platzen lassen. Sie knallen nicht laut, sondern gedämpft. Man könnte den Tang mit vier oder mehr Händen bespielen. Ein bescheidenes Instrument, aber doch ist es der Erwähnung wert, es hat sicher einen Platz im Seetang-Orchester der Zukunft verdient.

Duftwasser

Nach einem Sturm hängt der salzige Geruch frisch angeschwemmter Algen über der Insel. Er lockt mich an den Strand, wo ich ein paarmal tief Luft hole, es fühlt sich an, als würde das Grün mir geradewegs von der Lunge ins Gehirn strömen. Ein Elixier, das wenige Monate später leider unerträglich wird.

Das Meer pulverisiert die im Winter abgerissenen Algen. Es zerschlägt die Wedel in der Brandung und an den Felsen. Wenn ich übers Watt gehe, sinke ich ab März tief in den Tang ein, der da an Land fault. Bei jedem Schritt stockt mir der Atem. Die Algenpampe hisst im Frühjahr an vielen Stränden ihre Geruchsfahne. Spaziergänger halten sich angewidert die Nase zu, atmen nur durch den Mund. Zuletzt heuert man Menschen an, um die vielen Algen vom Strand zu entfernen. Aber wohin damit? »Wir müssen eine regionale Lösung finden«, hatte Christopher James von der Tourism Development Company auf Tobago dem *Guardian* gegenüber geäußert, »diese ekelhaften Algen könnten dem Image der Karibik schaden.« Die fünfzehn Mitgliedstaaten der Karibischen Gemeinschaft überlegen sogar ernsthaft, einen Gipfel über das Algenproblem abzuhalten.

Mexiko stellt jährlich 4600 Arbeiter ein, um die Strände freizuschaufeln. Die Aufräumaktion kostet das Land knapp 9,1 Millionen Dollar. Anlässlich der Segelwettbewerbe bei den Olympischen Spielen rückte die chinesische Armee im Sommer 2008 mit Hunderten Männern aus, um den Strand vor Qingdao von Meersalat zu befreien. Knietief standen sie im Algenmatsch und harkten. Alle trugen eine kurze schwarze Hose, ein Camouflagehemd und eine neonorange Schwimmweste, obwohl sie gar nicht mit dem Wasser in Berührung kamen. Die Notwendigkeit von Rettungswesten leuchtet mir ein – ich nehme an, sie gehörten zum Protokoll, aber es könnte auch die einzige Möglichkeit gewesen sein, die Männer vor dem Ertrinken in den Algen zu retten, sollten sie vom Gestank in Ohnmacht fallen.

Der Seetang richtet allerdings großen Schaden in der Tierwelt an. Eine Algenplage lässt durch den Sauerstoffmangel zum Beispiel die Fische sterben, und die Algenhaufen lassen die jungen Meeresschildkröten nicht vom Strand zum Wasser gelangen. Beseitigt man den Seetang, entsorgt man zugleich die in ihm lebenden Tiere, außerdem führt es zu Erosion an den betroffenen Stränden, sodass anschließend wieder Sand herbeigeschafft werden muss.

»Nihil vilior alga«, es gibt nichts Widerlicheres als Algen, soll Vergil gesagt haben, und meinte damit vermutlich den angeschwemmten faulenden Seetang. Gegen den Gestank kann man nicht viel machen, aber gegen seine Entstehung, meint der Meeresbiologe Erik-Jan Malta vom Niederländischen Institut für Ökologie in Yerseke. Vier Jahre lang untersuchte er das Veerse Meer, eines von vielen verschmutzten, zu nährstoffreichen Binnengewässern voller Algen. Thema seiner Doktorarbeit war der »Meersalat-Blues«. Schnell wachsender Meersalat bildet Teppiche und »spendet sich im Sommer selbst Schatten«. Auf der Oberfläche des Teppichs ist genügend Licht vorhanden, darunter aber nicht, weshalb es anfängt zu stinken. Ein solcher Teppich ist eine ganz eigene Welt, nur der Wind kann ihn zerreißen.

Üppig wuchernde Algen führen weltweit zu immer größeren Problemen. Vom Menschen verschmutztes, übersättigtes Wasser ist voller Matten oder grüner Brühe. Im seichten, küstennahen Wasser macht der Meersalat am meisten Ärger, nicht nur im brackigen Veerse Meer, sondern auch an der bretonischen Küste und vor allem in der stinkenden Lagune von Venedig. Das Phänomen der ›grünen Gezeiten‹, auch Algenpest genannt, ist seit rund hundert Jahren bekannt, doch über die Gründe für ihre Entstehung wusste man bislang nur wenig.[12]

Malta hat entdeckt, dass Meersalat Winterschlaf hält und sich in den Untergrund einbuddelt, wo er die kalte Jahreszeit überlebt.

Eine robuste norwegische Alge hat fünfhundertdreißig Tage an der Außenseite der internationalen Raumstation ISS überlebt, meldete der *New Scientist* am 9. Februar 2017. Damit traten die Algen als neues Mitglied dem Weltraum-Reiseclub bei, dem schon Bakterien, Flechten und Dutzende mikroskopisch kleiner Bärtierchen angehörten.

Diese außerordentliche Grünalge wurde von deutschen Biologen in Spitzbergen entdeckt, wo sie in extremer Kälte und lang andauernder Trockenheit lebte. Das veranlasste die Forscher zu dem Experiment, sie an der Außenseite der ISS anzubringen. Die Alge CCCryo 101-99 überlebte nicht nur das Vakuum im Weltall, sondern sie hielt auch Temperaturen zwischen minus 20 und plus 47,2 Grad stand und trotzte anhaltender kosmischer sowie ultravioletter Strahlung, die nicht in die Erd-

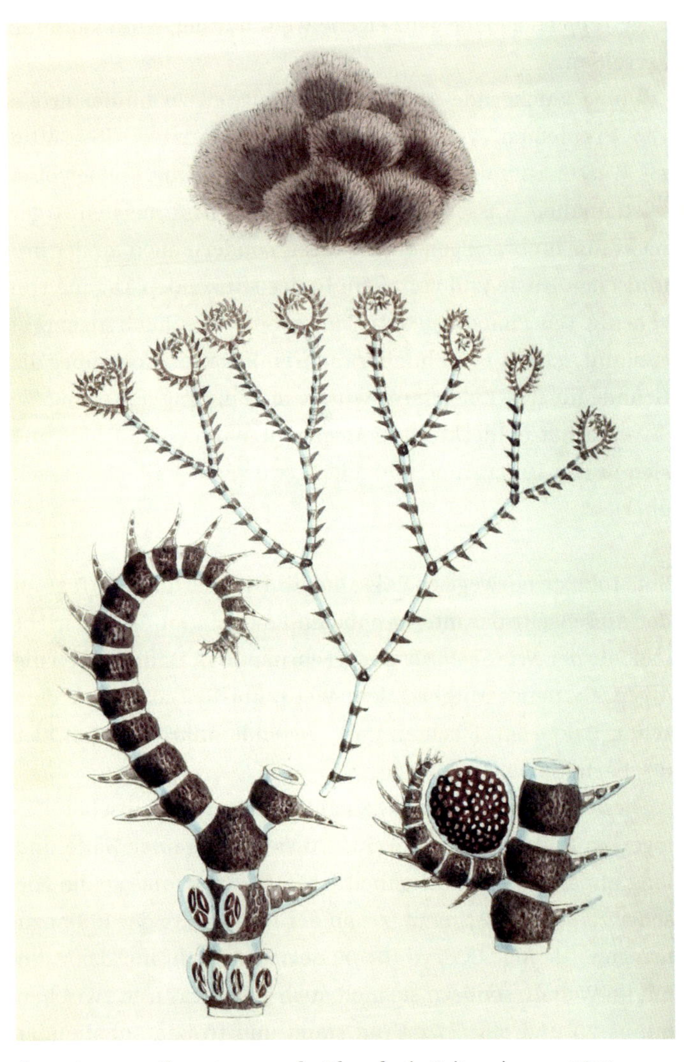

Ceramium acanthonotum *aus der* Phycologia Britannica, *um 1849 beschrieben und gezeichnet von William Henry Harvey.*

atmosphäre eindringen und so stark sind, dass sie die meisten Lebensformen auf der Erde vernichten würden.

Die Algen wurden als Vorbereitung auf die Mission getrocknet und überlebten in Form eingekapselter Sporen. Nach sechzehn Monaten unter extremen Umständen kehrten die Algen zur Erde zurück. Zwei Wochen später hatten sie bereits ihre orangefarbene Kapsel abgelegt und fingen wieder an zu wachsen, als wäre nichts gewesen. Bei weiteren Forschungen soll nun herausgefunden werden, inwieweit ihre DNA sich verändert hat, um die Alge länger als anderthalb Jahre ohne Raumanzug überleben zu lassen. Das Experiment ist Teil eines größeren Projektes über mögliches Leben auf dem Mars. Sicher dauert es noch eine Weile, bis der rote Planet bepflanzt wird. In der Zwischenzeit hoffen die Forscher, aus den UV-Licht absorbierenden Pigmenten der resistenten Alge eine Creme zu entwickeln, die den Menschen vor der Sonneneinstrahlung schützt.

Im gläsernen Büro von Rachel Culver, der Bibliothekarin der Scottish Association for Marine Science (SAMS) in Dunstaffnage sehe ich mir den Stummfilm eines unbekannten Filmemachers über das Institute of Seaweed Research in Edinburgh aus dem Jahr 1946 an, in der Hoffnung, etwas über die Algenzucht zu lernen. Für einen beginnenden Algologen wirken die Bilder, ohne Untertitel oder Voiceover, völlig surreal. Apparate, die Brei zermahlen, eine überbelichtete Hand daneben, die eine Stoppuhr hält, Männer, die Reagenzgläser in einem Separator schleudern, ein Laborassistent im Kittel, der mit einem vollen Messbecher in der Hand eine Leiter hochsteigt und eine Flüssigkeit in einen Trichter gießt, dann jemand, der an einer Drehbank arbeitet, und Metallkringel, die durch die Gegend fliegen. Zum Schluss legt ein Boot ab, und ein Mann mit Krawatte beugt sich ungelenk vor, um Algen aus dem Meer zu fischen. Auf dem getippten Zettel in der DVD-Hülle steht, dass bei einer Studie zum Stoffwechsel von Pflanzen eine radioaktive Methode angewendet wurde. Ganz kurz sei die *Rhodymenia pseudopalmata* zu sehen, heißt es, aber damit ist das Rätsel des Films nicht gelöst.

In demselben Gebäude, eine Etage höher, bin ich wenige Stunden später mit Prof. John Day verabredet, dem Konservator der Culture Collection of Algae and Protozoa (CCAP), einer internationalen Sammlung von Algen und einzelligen Organismen, ein Institut mit einer besonderen Geschichte. Der lebende Katalog, wie Day ihn nennt, umfasst dreitausend teils hochbetagte Stammkulturen, unter anderem zwei Präparate von 1889. In weißem Kittel betreten wir das Labor, das auf den ersten Blick überraschend leer wirkt. »Gleich rechts befinden sich die gefährlichen Arten«, sagt Day. In einer anderen Ecke sind zwei Studenten mit Reagenzgläsern und Spritzflaschen zugange. Day legt die Hand auf den Kühlschrank und erklärt mir den *tree of life,* den Stammbaum aller bekannten Lebensformen, den ich schon als Zeichnung in Ernst Haeckels *Generelle Morphologie der Organismen* von 1866 gesehen habe.

Bevor wir den Kühlraum betreten, entfernt eine Klebematte, die extra dafür vor der Schleuse liegt, allen Schmutz von meinen Schuhsohlen. Es gibt vier Räume, einen mit 20 Grad Raumtemperatur, zwei mit 15 und einen mit 8 Grad. Im ersten Raum steht ein altmodisches braunes Gerät (mithilfe eines zusammengefalteten Papiers auf dem Boden in die Waage gebracht) und schüttelt elf Glaskolben. Tag und Nacht werden die Zellen der *Chlorella vulgaris* unter den Aluminiumdeckeln in Bewegung gehalten. So bleiben sie gesund und können sich nicht absetzen. In Metallregalen zur Linken stehen Hunderte von Reagenzgläsern, gefüllt mit Algen, die spiralförmig auf Agar-Agar aufgetragen wurden, um so viel Material wie möglich unterzubringen. Ein sagenhafter Anblick, all die grünen Blitze in halb durchsichtigem Gelee. Bunt und dynamisch. Manche Algen haben sich im Agar-Agar weiterentwickelt und sind nach unten gewachsen.

Ohne den Algenphysiologen Michael Droop (1918–2011) und Prof. Ernst Georg Pringsheim (1881–1970) besäße die Sammlung, für die John Day heute verantwortlich ist, niemals so viele Stammkulturen. 1938 packte Pringsheim, der jüdischer Abstammung war, die ersten Präparate seiner Sammlung in einen Koffer und floh vor den Nazis. Er kam an der Universität Cambridge unter, wo er seine Arbeit fortsetzte und mithilfe seines Kollegen Droop und seiner Studenten eine nationale Sammlung aufbaute. Auf internationaler Ebene tauschten die Forscher untereinander Kulturen aus. Schulen konnten sie als Arbeitsmaterial für die damals noch unterrichteten Fächer Morphologie und Anatomie bestellen.

Dreißig Jahre nach Pringsheims Pensionierung wurde das Labor aufgelöst. Die Süßwasseralgen kamen zur Freshwater Biological Association am Windermere und die Salzwasseralgen nach Dunstaffnage. Siebzehn Jahre nach ihrer Trennung, im Jahr 2004, wurden beide Sammlungen wieder zusammengeführt. John Day erzählt: »Einen Tag später, nachdem der Laster mit den Reagenzgläsern und anderen Geräten vom Windermere losgefahren war, bin ich mit den exakten Kopien der Sammlung in Richtung Dunstaffnage aufgebrochen. Noch nie bin ich so vorsichtig gefahren, solche Angst hatte ich, dass unterwegs etwas zerbrechen könnte.« Day kam mitsamt der Simultansammlung unversehrt ans Ziel.

»Essen Sie Seetang?«, frage ich Day, kurz bevor ich mich von ihm verabschiede. Er schüttelt den Kopf und sagt: »Mein Vater schon, der war ganz verrückt danach. Als er alt wurde, habe ich bei meinen Besuchen jedes Mal ein Päckchen getrocknete Dulse für ihn mitgenommen. Dann hat er die Algenflocken immer gleich auf ein dick mit Butter bestrichenes Weißbrot gestreut, es zusammengeklappt und genüsslich gegessen.«

Ich lasse mich in eine Wanne mit warmem Wasser sinken, in das ich ein paar Büschel Sägetang gegeben habe, der Gestank ist unvorstellbar. Mein Badewasser riecht nach Meeresfrüchten und das Wasser ist hellgrün, als würde ich in einer großen Schale Sencha mit ein paar Teeblättern unten drin liegen. Algen sind durchblutungsfördernd. Sie regen den Stoffwechsel an, entgiften und erhöhen den Feuchtigkeitsgehalt der Haut. Nach dem Bad prickelt mein ganzer Körper.

Seit ein paar Jahren bieten die meisten Spas Algenbäder und Thalassotherapie an, doch die gekachelten Räume und sterilen Bademäntel sind Lichtjahre von der wilden Natur entfernt, aus der Seetang seine Vitalität bezieht.

Die Entdeckung der Heilwirkung von Pflanzen und Meeresalgen wird dem legendären chinesischen Herrscher Shennong zugeschrieben, der vor fast fünftausend Jahren lebte, daneben

Auf dem Höhepunkt der Verführung: Diese Seeeiche präsentiert ihre Fortpflanzungsorgane an den Spitzen ihrer Thalli.

sollen auch der Pflug und damit der Ackerbau auf ihn zurückgehen. Shennong zufolge war Seetang besonders gut geeignet, um die Gemüter zu beruhigen, der Haut Feuchtigkeit zuzuführen, Schmerzen zu bekämpfen, Beulen abklingen zu lassen und Tumore zu heilen. Außerdem soll Seetang gegen Verstopfung, endokrine Erkrankungen, Zysten und chronische Bronchitis helfen. Etwa 300 v. Chr. empfahl Chi Han Meeresalgen als Mittel zur Bekämpfung von Insekten, und im 12. Jahrhundert schrieben die Italiener Roger Frugardi und sein Schüler Roland von Parma über die heilsame Wirkung getrockneten oder verbrannten Tangs zur Behandlung eines Kropfs.

Die Rotalge *Pink Paint weed* setzt sich als dünne Kruste an Felsen fest und wächst manchmal auch zwischen den Haftkrallen größerer Braunalgen. Sie ist orange, rot und manchmal auch lila, doch sobald man sie ablöst, verblasst sie. Die Bewohner der Hebriden schabten sie von den Steinen und verabreichten sie zermahlen und mit Eigelb vermischt als Mittel gegen Durchfall.

Die Penobscot-Schamanen aus Nordamerika ließen Lappentang so lange in Meerwasser köcheln, bis er zu Gelee eingedickt war, und rieben die Brust von Herzpatienten mit diesem Dekokt ein.

Die Passamaquoddy-Indianer aus dem nordöstlichen Nordamerika trugen Säckchen getrockneter Dulse-Flocken bei sich. Sobald sie bei Kämpfen erste Anzeichen von Müdigkeit verspürten, kauten sie darauf herum.

In Talisker genas ein Junge von einer Kolik, nachdem man ihm eine warme Packung Lappentang mit Saft auf den Unterleib gelegt hatte.

Eine große Handvoll frisch von den Felsen gepflückter Lappentang, der einer Gebärenden auf den nackten Bauch gelegt wird, lässt den Mutterkuchen problemlos abgehen. Je frischer die Dulse, desto effektiver wirkt die Packung.

Lappentang, täglich roh oder gekocht verzehrt, hat sich auch als ausgezeichnetes Mittel gegen Skorbut erwiesen. Zum Entfernen von Parasiten aus Wunden verwendete man mit Salzwasser verrührte Tangasche. Um das Ungeziefer zu vertreiben, besprenkelte man die Wunde mit dieser Mischung und ließ sie an der Luft trocknen.

In Korea bekommt man zum Geburtstag gern eine Algensuppe serviert. Diese Suppe ist sonst eigentlich Wöchnerinnen vorbehalten. Drei Wochen lang essen sie Seetangsuppe, um wieder zu Kräften zu kommen. An seinem Geburtstag isst man die Algensuppe nicht zur Feier des Tages, sondern um sich an die eigene Mutter (und ihre Schmerzen) zu erinnern.

Tang sammeln, Tang mähen und Tang fischen

Der Tangarbeiter

Ich spazierte, in einem Sommer vor langer Zeit,
Über die sandigen Pfade der windumtosten Bucht.

Traf einen einsamen alten Tangarbeiter dort,
Noch immer sehe ich seine hagere Gestalt.

Seine Hände, ein Geschenk des Himmels für den täglichen Bedarf,
Waren knorrig wie ein vertrocknetes Tangknäuel.

Die milde Kraft lange betrachteter
Sommerhimmel stand in den Augen des Alten.

Über den Strand ging er,
bedächtig und wortkarg,

Und stand in gutem Ruf und voller Pracht
Durch Arbeit angebracht.

ROBERT RENDALL

An der französischen Küste wurden bis Anfang des 20. Jahrhunderts jährlich Tausende Wagen Seetang an Land gekarrt, um Kalium für die Seifen- und Glasindustrie und die Herstellung von Schwarzpulver zu gewinnen. Einige der aus dem Fels gehauenen Kaliumöfen sind noch erhalten, sie wurden zum Kulturerbe erklärt. Die langen, schmalen Steinschalen, in de-

Paul Gauguins im Jahr 1888 entstandenes Gemälde Les pêcheuses de goémon. *Die Tangpflückerinnen beugen sich so geschmeidig im Wind wie die Algen im Wasser.*

nen die Algen festgestampft und verbrannt wurden, um sie in kompakte Ascheblöcke zu verwandeln, liegen heute verlassen in der Landschaft, wie Leitern, über die man in die Geschichte hineinsteigen könnte. Um 1900 war die florierende Tangindustrie ein beliebtes Motiv in der Kunst. Die harte körperliche Arbeit, die von Eseln oder Pferden gezogenen, vollbeladenen Wagen und das Feuer am Strand ergaben ein malerisches Setting. Meist waren die Ölgemälde in dunklen Tönen gehalten, grünbraun wie nasser Seetang, und glänzten stark vom aufgetragenen Firnis.

Paul Gauguin malte sein Bild in hellen Blau- und Grüntönen und stellte die Tangsammlerinnen, so biegsam wie die Algen selbst, ins Wasser.

Ab 1735 begann man auch auf den Hebriden damit, Algen zu verbrennen. Der Tang, der bei der schottischen Insel Ulva wuchs, war besonders hochwertig und somit sehr einträglich. Aus dieser Zeit stammt der Ausdruck: »Ein goldenes Pflanzenband umschlingt die Insel Ulva«. Wer Land an der Küste besaß, machte ein Riesengeschäft mit dem kostenlos wachsenden Tang. Der wurde von schlechtbezahlten Arbeitern geerntet, die von ihrem kärglichen Lohn selbigen Landbesitzern wiederum Miete zahlen mussten.

Ganze Familien zogen im Sommer als Erntehelfer auf die Hebriden. Jede von ihnen bildete eine eigene Gruppe. Die jungen Frauen schnitten die Algen mit Sicheln von den Felsen ab. Die älteren Frauen und Kinder trugen den nassen Tang in Krebsreusen zum Trockenplatz und zur Feuerstelle. Die Männer, alt und jung, trockneten und verbrannten ihn. Doch bald wuchs die Bevölkerung so sehr an, dass es nicht mehr genügend Getreide für alle gab. Aus der Not heraus pflanzte man Kartoffeln an, doch das war keine Lösung, denn die alteingesessenen Inselbewohner weigerten sich schlicht, sie zu essen. Ab 1800 fiel der Preis für Tangasche rapide, was den Untergang der ganzen Industrie bedeutete. Auf einem Stich, den der britische Landschaftsmaler William Daniell auf seiner zehnjährigen Reise

William Daniell veröffentlichte 1817 den Stich einer beeindruckenden Rauchwolke eines Tangfeuers vor dem Gribune-head.

durch das Vereinigte Königreich anfertigte, steigt eine gigantische Rauchwolke vor dem Hintergrund der schroffen Klippen des Gribune-head auf der Isle of Mull auf. Höchstwahrscheinlich hat Daniell dieses große Feuer nicht mit eigenen Augen gesehen. Im Jahr 1815, als er auf die Hebriden kam, dürften die Rauchwolken schon viel kleiner und seltener gewesen sein.

Seit Jahrhunderten wächst Seegras auf den Schlickböden um Wieringen in der Provinz Nordholland. Im 18. Jahrhundert gediehen die Pflanzen hauptsächlich im nördlichen, salzigsten Teil der Zuiderzee. Je nach Strömung wuchs mehr oder we-

James Clarke Hook, The Seaweed Raker, *1889. Hooks Themen und seine Handschrift waren so unverkennbar, dass seine Bilder auch als ›Hookscapes‹ bezeichnet werden.*

niger Seegras. Der abgerissene Tang diente zum Unterhalt der Deiche. Im Juli und August fischte man es aus dem Wasser und lud es direkt aufs Schiff. Die Mannschaft musste den Gestank und die Dämpfe an Bord eben aushalten. Das Salz schadete den Augen, und die Fischer erblindeten oft kurzzeitig.

Gegenstände an Bord beschlugen von den übelriechenden Ausdünstungen des Tangs, Silber lief schwarz an, und die Dämpfe fraßen sich ins Kupfer. Alle Metallgegenstände an Bord wurden zu ihrem Schutz mit viel Fett eingeschmiert.

Klaas Vregat aus Hippolytushoef, ehemals Schiffer auf einem Leichter, erklärte: »Die Augen des Knechts, der im Vorschiff schläft, werden angegriffen, wenn der Wind von vorn kommt, (...) wenn der Wind von hinten weht, kriegt der im Achterschiff es ab und der Knecht im Vorschiff merkt nichts von der Misere.«[13]

Nach den Sturmfluten von 1775 und 1776 wurde der Tang im Süden der Insel Wieringen zweieinhalb Meter breit und gut fünf Meter hoch auf festem Grund aufgetürmt, um den Deich zu reparieren.

Im Juni mähte man ihn mit einer Sense mit gekürztem Blatt. Die Mäher fuhren zur Erntestelle, ließen sich ins Wasser plumpsen und jeder suchte sich eine eigene Stelle. Wenn der Tang dann mit Einsetzen der Flut anfing zu steigen, wurde das Tangnetz mit vielen Korken ausgesetzt. Die Männer standen mit ihren Schaftstiefeln im Wasser, mähten den Tang ab und schoben ihn alle mit der Spitze ihrer Sense zur Seite, damit er hinter ihnen ins Netz ging. Stieg dann die Flut weiter an, hörte man auf, hievte den Seetang mit einem speziellen Algenhaken hoch und lud ihn in den Kahn. Der tropfnasse Tang war mit Wasser vollgesogen, immer wieder musste abgepumpt werden. Im Hafen erwartete sie dann der Algenfahrer, der den Tang landeinwärts brachte. Dort wurde er mit Süßwasser gespült, die Wassergräben waren voll davon. Sobald der Tang sich schwarz verfärbt hatte, holte man ihn mit der Hacke heraus und schwang ihn kurz hin und her, um das meiste Wasser abzuschütteln. Anschließend musste er von Hand entwirrt werden, bis er locker ausgebreitet dalag. Das war kein Leichtes, vor allem bei langen Trieben nicht. Nun ließ man das Seegras eine Woche lang trocknen wie Heu. Anschließend konnte man es aufheben und unter einer Plane lagern, bis es gewogen und in Pakete von fünfzig Kilo gepresst wurde.

In *Strandgut* von Cor Bruijn lässt Sil seine Kinder, zwei junge Söhne und eine Tochter, Tang ernten:

> *Der Tang ist eine wertvolle Gabe der Natur. Er wächst umsonst im Meer. Gottes Kraft nährt ihn, der Mensch braucht nur zu ernten. Einmal getrocknet und in Midsland zu Ballen gepreßt, wird er am Festland gut bezahlt.*
>
> (...) *Jan Kapteyn. Bis an die Brust steht er im Wasser. Sie sehen seinen Kopf über der spiegelnden Fläche hin und her schwanken. Er mäht, mäht mit seiner Sense unter Wasser.*
> *Der Strom treibt den abgeschnittenen Tang herauf. Jans Helfer fangen ihn in den aufgespannten Netzen auf, gleich ziehen sie ihn mit der Hacke an Bord.* (...)
>
> *Sil schlägt die Hacke in die schwammige grüne Masse, zieht große Stücke aufs Trockene und schleppt sie den Deich hinauf.*
>
> *Die Stunden verstreichen. Die Sonne brennt. Das Salzwasser beißt, daß die Hände blaß, runzelig und rauh werden.* (...)
> *Die Stapel auf dem Deich wachsen noch immer.* (...)
> *Tang – Tang – Tang – etwas anderes gibt es jetzt für ihn nicht auf der Welt. Sein Gesicht und seine Kleider sind gleich naß.*

Sil und seine Kinder sind kaum mehr vom Tang zu unterscheiden. Sie sind grün und durchnässt. Am Spätnachmittag taucht Jan wieder auf:

> *Haallo – Hallo, Jan! Wieviel habt ihr schon? Wieviel habt ihr schon? Halloo! Halloo, Sil! Gut fünf Pack, glaub ich, fünf Pack, Sil. Ich warte noch, bis das Wasser steigt! Wa-aasser steigt!*[14]

Die Zeit des Tangfischens folgte auf die des Tangmähens, zwischen Ende August und Ende Oktober. Zu dieser Zeit wurde der Tang am Deich angeschwemmt, teilweise wurden Parzellen verpachtet. Nur den früh im Jahr gefischten Tang spülte man aus, der spätere wurde nur getrocknet, nachdem der Regen ihn ausgewaschen hatte. Der letzte gefischte Tang blieb bis April auf dem Boden liegen, weil er im Winter einfach nicht trocknet.

Jede Alge haftet an einer selbst gewählten Muschel, einem Stein oder einem kleinen Loch im Felsen.

Trüffel des Meeres

Im Winter, wenn kein Gras mehr wächst und die Tiere draußen weniger zu fressen finden, gibt es eine hervorragende Notration, wenn man in der Nähe des Meeres wohnt. An den Küsten von Island, den Färöer-Inseln, von Norwegen, Irland und Schottland treiben die Bauern seit jeher ihre Herden an den Strand. Auch die Schafe und Kühe meines Nachbarn auf Mull trotten zum Spülsaum und kauen bei Ebbe auf dem Tang herum. Der Anblick bleibt seltsam: Diese großen Kühe auf dem Strand, die von einem Fingertang zum nächsten spazieren, und Schafe, die bis zum Bauch in dunkler Algenpampe stehen. Wenn ich näherkomme, drehen alle die Köpfe in meine Richtung, die Algen zwischen den Kiefern. Erst wenn ich mich bis auf ein paar Meter genähert habe, ergreifen sie die Flucht, den Tang noch immer im Maul.

Auch Vieh, das weiter weg vom Meer wohnt, bekommt im Winter seine Ration Jod, Mineralien und Antioxidantien in Form zerkleinerter Algen, die man ihnen unters Futter mischt.

An den Küsten nördlicher Länder wurde Tang oft nach den Tieren benannt, die ihn fraßen. Französische Bauern nannten Blasentang *goémon à vache* (Kuhtang) oder *algue à vache* (Kuhalgen). In englischsprachigen Gebieten dagegen wird Flügeltang als *Cow Weed* bezeichnet. Lappentang gab man Pferden (*Horse Weed*) und Knotentang bekamen die Schweine (*Pig Weed*).

Warum wird immer noch so viel Geld in Gras investiert, wenn Algen doch viel gehaltvoller sind? Es kostet unendlich viel Mühe, Felder zu pflügen, zu säen, zu mähen und Heu zu machen, und doch kann das Heu nicht im Geringsten mit nahrhaftem Tang als Viehfutter mithalten. Zurzeit allerdings ändert sich das allgemeine Bewusstsein, was zum Wohl des Bauern und seines Viehs beiträgt und zugleich die Verwendung chemischer Schädlingsbekämpfungsmittel und Antibiotika verringert: Kühe, Schafe und Ziegen, die mit Meeresalgen gefüttert werden, geben mehr Milch. Schweine setzen weniger Fett und mehr Fleisch an, können Kälte besser aushalten und ihre Abwehr gegen Parasiten wird gestärkt. Seetang verbessert die Verfassung der Tiere, was sich am glänzenden, gesunden Fell des Viehs zeigt. Schafe bekommen dickere Winterwolle und längeres Haar. Sie verlieren weniger Lämmer und und die Lämmer wachsen schneller.

Tang schützt die Pferde vor Koliken, er beugt Spalten im Huf vor und die Stuten werden fruchtbarer. Ein algenpickendes Huhn hat kräftigeres Gefieder, es brütet besser und legt Eier mit kräftigen Schalen und großem safrangelbem Dotter. Der rotbraune, unterhalb der Strandlinie lebende Strandfloh ist es, der den Dottern diese Farbe verleiht, nach ihm ist das Huhn in den Algen auf Suche.

Hinzu kommt, dass Meeresalgen einen höheren Nährwert haben als Hafer, und wenn man sie dem Viehfutter untermischt, mindert das den schädlichen Methanausstoß der Kühe. Nichts als Vorteile also für die, die am Meer wohnen.

Die großen Schweinemastbetriebe in der Bretagne, die dort

die Landwirtschaft verdrängt haben, entsorgen die Fäkalien heimlich in Wassergräben und Seitenarmen von Kanälen. Die Abfallstoffe sickern in das Erdreich und gelangen ins Meer, wo sie vor der Küste eine sogenannte grüne Flut verursachen. Naturschützer und Touristen protestieren gegen die Verschmutzung, die Besitzer der Mastbetriebe behaupten jedoch, das Wasser sei dank der Gülle besonders nährstoffreich, und das sei der Grund, weswegen die Algen gedeihen würden, und sehen kein Problem.

Auch für den Boden sind Algen eine Nährstoffquelle. Weil sie großenteils aus Wasser bestehen, können sie schnell abgebaut werden und sind deshalb gut als Dünger geeignet. In Meeresnähe wurden Algen früher schon verwendet, um die Bodenqualität zu verbessern. Man harkte sie sorgfältig zusammen, vermengte sie mit Erde und verteilte die Mischung anschließend als hohe sogenannte *lazy beds*. Da diese Arbeit sehr aufwändig war, wurde sie in den Herbst- und Wintermonaten gemeinsam verrichtet. Ein derart intensiv vorbereiteter Boden brachte eine sehr viel reichere Ernte ein als die Felder, die nur gepflügt wurden. Die Mischung aus Seetang und Erde gab man auf Kartoffel- und Steckrübenbeete und auf Heuwiesen.

Heute noch sammeln Gärtner im Herbst und Winter am Strand schubkarrenweise Meeresalgen, um ihre Beete, am besten Dutzende Zentimeter dick, damit zu bedecken. Der Boden, der so mit Jod, Kalium, Stickstoff, Phosphor, Aminosäuren und Spurenelementen angereichert wird, profitiert sehr davon. Möhren werden weniger stark von Möhrenfliegen befallen, Fliegen halten sich von Bohnen fern und der Rhabarber treibt mehr Stängel aus, und das bereits früher im Jahr. Algen verlangsamen und verringern das Wachstum von Unkraut um die drei ursprünglichen Küstenpflanzen Spargel, Kohl und Sellerie. Um den natürlichen Salzgehalt des Bodens nicht aus dem Gleichgewicht zu bringen, sammelt man angeschwemmte Algen am besten erst, wenn der Regen sie schon ausgewaschen hat. In einem von Meeresalgen aufgelockerten Boden werden die Abfallstoffe auch gut gebunden. Mehr Luft und Wasser gelangen in den Boden, die Regenwürmer können sich vermehren und der Zustand der Beete bessert sich. Im Frühjahr und Sommer kann das Gemüse im Garten zudem mit verdünnter Algenbrühe besprüht werden, dazu legt man den Tang in einer dunklen Tonne in Wasser ein.

In Japan, China und Korea wurden Algen seit jeher mit guter Gesundheit assoziiert und hoch geschätzt. In alten Zeiten waren die besten Algen dem Adel vorbehalten. Im ältesten Japanisch-Chinesischen Wörterbuch von 934 stehen einundzwanzig verschiedene essbare Arten von Seetang mitsamt einer Anleitung für die Zubereitung. Viele dieser Rezepte werden heute noch verwendet.

Der japanische Dichter Bashō hat auch Haiku über Algen verfasst. Er schreibt:

erzähl mir vom
Leid des Berges, du, der du
Algen sammelst

Während seiner zweijährigen Wanderung notierte Bashō im Sommer 1691:

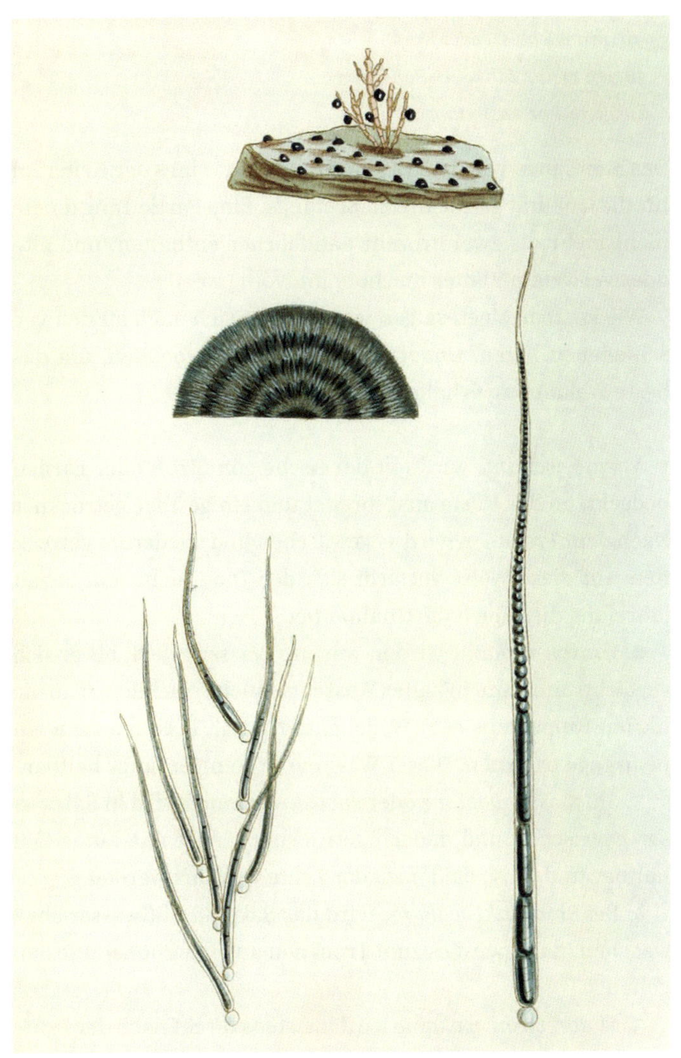

Manche Algen, wie die Rivularia atra, *scheinen aus den Werkstätten von Goldschmieden oder Glasbläsern zu kommen.*

alt, mit nachlassender Kraft
finden meine Zähne ein Sandkorn
im getrockneten Seetang

Das Sandkorn, von dem Bashō spricht, war eines der Kriterien für die Qualität getrockneten Seetangs. Eine Partie Tang durfte nicht mehr als zwei Prozent Sandkörner enthalten, und alte oder verwelkte Blätter machten ihn völlig wertlos.

Wie kostbar Meeresalgen waren, zeigt sich auch an den verschiedenen Arten, *Undaria pinnatifida* zu trocknen, um das beste Wakame zu erhalten.

1. *Naruto-wakame* wird mit der Asche von Stroh oder Farnen bedeckt, an der Küste ausgebreitet und einige Tage getrocknet. Nach dem Trocknen wird es gewaschen und wiederum getrocknet. Auf diese Weise verfärbt sich der Tang nicht und behält jahrelang dieselbe hohe Qualität bei.

2. *Yuniku-wakame* wird in warmes Wasser gelegt, bis er sich verfärbt, und dann in kaltes Wasser getaucht. Nachdem man die harten Rippen aus dem Wedel entfernt hat, lässt man ihn ein paar Tage trocknen. Dieser Wakame ist weniger lange haltbar.

3. *Shioboshi-wakame* oder *suboshi-wakame* wird in Salzwasser gewaschen und danach getrocknet. Er ist nur kurze Zeit haltbar und muss bald nach der Ernte verzehrt werden.

4. Bei *Shioniuki-wakame* wird das Salz mit Süßwasser abgewaschen, dann wird es zum Trocknen an einen hohen Pfosten gehängt.

5. *Midareboshi-wakame* wird meistens direkt nach der Ernte ohne Vorbehandlung auf dem Sand getrocknet.

6. *Momi-wakame* wird mit Meerwasser gewaschen und danach aneinandergerieben. Diese Prozedur wird siebenmal am Tag wiederholt, dann folgt ein Trockentag. So erhält man schnell einen sehr geschmeidigen Wakame.

7. *Noshi-wakame, ita-wakame* und *suboshi-wakame* werden nach dem Waschen in Süßwasser auf Tischen aus Bambus- oder Fichtenholz ausgebreitet und einige Tage getrocknet.

In der Gegend um Hokkaido wird seit Urzeiten Tang geerntet, aus dem Bouillon für *dashi* (Fischsud) gewonnen wird. Die großen Algen werden mit einer kurzen Sense abgeschnitten und am Strand getrocknet und zusammengebunden, um sie danach zu wiegen, zu beurteilen, zu verkaufen. Im Taihō-Kodex, einem Gesetzesbuch aus dem Jahr 701 n. Chr., wurden japanische Männer verpflichtet, ihre Steuern in Form kostbarer Güter wie Seide, Farbstoffe, Lack und den hochwertigsten Meeresalgen an den Hof zu entrichten.

Bis 1600 wurde wildwachsendes Nori geerntet, getrocknet und gekocht oder zu Paste vermahlen, doch ab der Edo-Zeit züchtete man Nori im kleinen Maßstab und stellte Noriblätter her wie Papier: gekocht, zermahlen und getrocknet wurden sie in eine Standardform von 22,5 × 17,5 Zentimetern gesiebt und in Bündeln zu zehn Blättern verkauft. Diese Maßeinheit gilt auch heute noch für Nori.

Ohne Dr. Kathleen Drew-Baker (1901–1957) hätte sich die Nori-Industrie sicher erst viel später oder überhaupt nie auf einem so hohen Niveau entwickelt.

Etwa 1940 entdeckte die britische Algologin bei ihrer Erforschung der *Porphyra umbilicalis* den komplexen Fortpflan-

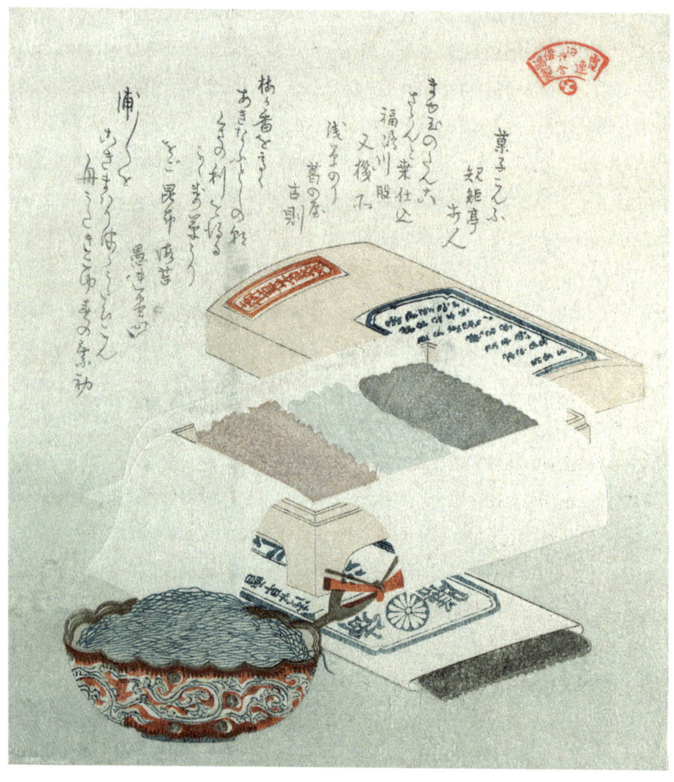

Kubo Shunman, Küchlein und Speisen aus Algen, *19. Jahrhundert: Frau Mayutama verkauft Kombu-Küchlein mit Nori aus Asakusa.*

zungszyklus der Rotalge. Zu diesem Zeitpunkt interessierte sich im Vereinigten Königreich offenbar niemand für ihre Entdeckungen. Nach dem Zweiten Weltkrieg wandte sich Drew-Baker an Kollegen in Japan, denen sofort klar war, dass ihre Forschungsergebnisse die Zucht von Nori und damit ihre kommerzielle Nutzung ermöglichten. Damals wurde ein großer Teil der Wildernte von Taifunen zunichtegemacht. Hinzu kam, dass sich die Rotalge aufgrund der Wasserverschmutzung immer schlechter vermehrte. Mit vereinter Kraft von Wissenschaftlern und Algenzüchtern kam die Nori-Produktion schließlich noch vor 1950 in Gang. Damit waren Nori und Sushi im ganzen Land erhältlich.

Ohne selbst je in Japan gewesen zu sein oder das Ergebnis ihrer Arbeit gesehen zu haben, wurde Kathleen Drew-Baker zur Galionsfigur der japanischen Tangindustrie. Jedes Jahr am 14. April wird in Uto das Drew-Festival zu Ehren der ›Mutter des Meeres‹, wie Drew-Baker in Japan genannt wird, gefeiert.

Heutzutage produzieren China, Korea, Indonesien und die Philippinen fast fünfundsiebzig Prozent des Seetangs. Nur fünf Prozent kommen aus Japan, doch der japanische Tang ist immer noch der hochwertigste. Irland, Norwegen, Frankreich und Island liefern die übrigen zwanzig Prozent.

Eine andere in Asien sehr intensiv gezüchtete Algenart ist der Knorpeltang, aus dem Agar-Agar gewonnen wird. Agar-Agar ist alles und nichts. Es ist geschmacklos, geruchlos und farblos. Es bindet besser als Gelatine und bleibt auch bei hohen Temperaturen fest. Im Gegensatz zu Gelatine, die aus tierischen Schlachtabfällen wie Häuten, Knochen, Sehnen, Knorpel und Bändern gewonnen wird, ist Agar-Agar ein reines Rotalgenextrakt. Es kann das Zwanzigfache seines Eigengewichts an Flüssigkeit absorbieren und wird, nachdem man es in Wasser aufgelöst und gekocht hat, auch ohne Kühlung leicht fest. Agar-Agar enthält viel Eisen und Kalzium und hat nur wenige Kalorien. Seine Bindekraft ist allerdings von relativ kurzer Dauer, vor allem bei einem hohen Säuregehalt wie in Schokolade, Kiwi und Spinat.

Bis 1939 wurde das meiste Agar-Agar in Japan hergestellt. Dort nennt man es *kanten,* was ›Kaltwetterhimmel‹ bedeutet, weil diese Rotalge in den Wintermonaten geerntet wird und Frost für die Herstellung des Verdickungsmittels unentbehrlich ist. *Kanten* wurde rein zufällig von einem Gastwirt in Osaka entdeckt, der Ende des 17. Jahrhunderts Reste von *tokoroten* (Nudeln aus Agar-Agar, die kalt gegessen werden) ins Freie stellte, als es fror. Am nächsten Morgen waren die Nudeln aus der gekochten Rotalge *tengusa* (*Gelidium amansii*) hart geworden. Nach ein paar Tagen Frost, gefolgt von Tauwetter, hatte sich das *tokoroten* in ein verklebtes, trockenes, weißes Geflecht verwandelt. Der Gastwirt, den das Phänomen faszinierte, versuchte, dieses Algentrockenverfahren nachzustellen, und als ihm das gelang, gründete er die erste ›kanten-Fabrik‹.

Agar-Agar ist als starkes Bindemittel nicht nur für Pudding, Eis und Saucen geeignet, sondern es dient auch als ausgezeichnetes Klärungsmittel. Bierbrauer entfernen damit Eiweiße und Bitterstoffe, und auch Fruchtsäfte werden mit Agar-Agar geklärt. Als Verdickungsmittel und Stabilisator kommt es häufig in Cremes, Zahnpasta und Make-up zum Einsatz.

Früher wurde Agar-Agar wegen seiner wasserabsorbierenden Eigenschaft als Pflaster benutzt. Es ist ein ausgezeichnetes Blutstillungsmittel, und Zahnärzte fertigten daraus Modelle für Kunstgebisse und Prothesen. Zu guter Letzt ist es ein bewährtes Schlankheitsmittel, weil man durch den Verzehr von Agar-Agar schneller satt wird.

Das federleichte Gelidium amansii *wird nach der Ernte getrocknet, gebleicht, zerkleinert, in Wasser gekocht, filtriert und aufgelöst.*

Auch in der Bakteriologie war die Entdeckung von Agar-Agar revolutionär. Als Substrat für die Anzucht von Bakterien und Schimmelpilzen ist es bis heute unübertroffen. Fanny Angelina Hesse, die Ehefrau des berühmten Bakteriologen Walther Hesse, hatte ihrem Mann die Nutzung von Agar-Agar als Geliermittel von Bakterienkulturmedien vorgeschlagen. Sie hatte von ihrer Mutter ein Rezept für Gemüsesülze und Fruchtgelee bekommen, das diese wiederum von einer auf Java lebenden niederländischen Familie hatte, und vermutete, dass Agar-Agar sich auch gut als Nährboden im Labor eignen dürfte.

In *Schiffbruch mit Tiger* von Yann Mantel strandet der völlig ausgehungerte Pi nach wochenlangem Umhertreiben auf einem Floß im Meer zusammen mit dem bengalischen Tiger Richard Parker auf einer Insel.

Der Pflanzengeruch war außerordentlich stark und das Grün hatte etwas so Frisches, Beruhigendes, dass es war, als strömten Trost und Stärke im wahrsten Sinne des Wortes durch meine Augen in mich ein.
Was war dieses merkwürdige Röhren-Seegras mit seinen endlosen Windungen? Konnte man es essen? Es schien eher eine Art Alge, aber weitaus kräftiger als die Algen, die man sonst im Meer findet. Wenn man es anfasste, fühlte es sich feucht und frisch an. Ich zog daran. Ranken ließen sich ohne allzu große Mühe abbrechen. Sie bestanden aus zwei konzentrischen Röhren: der feuchten, ein wenig rauen und so betörend grünen äußeren Hülle und einer zweiten. (…) Da die innere weiß war, war deutlich zu sehen, wo die eine Röhre endete und die andere begann; die Intensität des

Grüns der äußeren Röhre nahm nach innen hin ab. Ich roch an einem Stück Alge. Es roch angenehm nach Gemüse, aber einen besonderen Geruch hatte es nicht. Ich leckte daran. Mein Puls schlug schneller. Süßwasser tropfte heraus.
Ich biss hinein. (...) Meine Zunge zitterte wie ein Finger, der in einem Wörterbuch blättert, auf der Suche nach einem lang vergessenen Wort. Ich fand es, und ich schloss die Augen vor Verzückung, als ich es hörte: süß.[15]

Während Pi laute Begeisterungsrufe von sich gibt, rupft er ein Algenstück nach dem anderen ab und stopft sie sich mit beiden Händen zugleich in den Mund. Er isst so viel, dass bald ein regelrechter Graben um ihn herum entsteht.

So viele Algen wie Pi kann ich nicht auf einmal essen, trotzdem geriet ich in eine ähnliche Ekstase, als ich in der Bucht Pfeffertang (*Osmundea pinnatifida*) entdeckte. Ich hatte schon zuvor einmal die zwei Zentimeter langen, zarten Federn auf der anderen Seite der Insel gefunden und gekostet. In der Sonne glänzte die Alge auberginenfarben. Die Federn lagen übereinander wie Dachziegel auf dem schrägen Granit und waren schwer zu pflücken. Ich zupfte ein paar Ästchen ab und drückte meine Zunge darauf. Keine andere Alge ist so salzig und kräftig und hat gleichzeitig einen so dunklen, pilzähnlichen Geschmack. Köche nennen sie deshalb auch Trüffel des Meeres. Inzwischen schätze auch ich diese Alge zum Kochen sehr, aber an Ort und Stelle ein paar haarige Federn zu verputzen, bleibt ein unschlagbares Erlebnis. Jetzt, da ich weiß, dass ganz in meiner Nähe an der Küste ein goldener Pfefferacker wächst, nehme ich auf meine Spaziergänge immer eine Nagelschere mit, damit ich die Algen bei Einsetzen der Ebbe ernten kann, ohne ihr Haftorgan zu beschädigen. Das würde nämlich das Ende meines Vorrats bedeuten.

Pfeffertang-Joghurt

1 Liter Rahmjoghurt, 30 Gramm frischer Pfeffertang

Ein Sieb in einen großen Topf hängen. Es darf den Topfboden nicht berühren. Ein sauberes Geschirrtuch befeuchten, auswringen und das feuchte Tuch ins Sieb legen. Den Joghurt dann in das Tuch schütten, mit Backpapier bedecken, die Tuchecken zusammenfalten und den Topf acht Stunden in den Kühlschrank stellen.

Den Pfeffertang kleinhacken, ein paar Zweige als Verzierung beiseitelegen. Joghurt mit dem kleingehackten Pfeffertang verrühren, wenn alle Flüssigkeit abgetropft ist. Dann eine volle Kelle Pfeffertang-Joghurt in ein feuchtes, sauberes Geschirrtuch schöpfen. Die Ecken zusammenfalten und den Inhalt zu einer Kugel formen. Joghurt dann vom Tuch auf einen Teller rollen und mit ein oder zwei kleinen Pfeffertangzweigen verzieren.

Knotentangbrot

500 Gramm Weißmehl, ½ Knotentang (30 cm),
¼ Teelöffel Hefe, 450 ml Wasser

Die Wedel des Knotentangs werden etwa einen Meter lang und ungefähr zehn bis fünfzehn Jahre alt. Man darf nie den ganzen

Wedel abschneiden, immer nur ca. ein Drittel, und sollte den Seetang langsam bei 40 Grad im Ofen trocknen, bis er knusprig ist.

Den Teig mindestens sieben Stunden ruhen lassen, bevor man ihn backt. Mehl, Hefe und gemahlenen Knotentang in einer Schüssel vermischen. Das Wasser rasch mit dem Teigschaber unterheben. Danach sollte eine leicht klebrige Masse in der Schüssel sein, ein Mittelding zwischen Rührteig und festem Brotteig. Den Teig abdecken und an einen nicht zu warmen Ort stellen, zum Beispiel um die 15 Grad. Das ist häufig etwa die Temperatur, die nachts im Haus herrscht. Wenn man den Teig also abends vorbereitet, wird er bis morgens gut gegangen sein. Den Ofen auf 230 Grad vorheizen, den Teig möglichst lange abgedeckt stehen lassen. Die Arbeitsplatte mit reichlich Mehl sowie etwas grobem Salz bestreuen.

Nun die Schale mit einer Hand halb umkippen und mit der anderen Hand den Teig auf die Arbeitsfläche geben. Ihn dann mit bemehlten Händen ein- oder zweimal falten, je seltener man ihn in die Hand nimmt, desto besser. Nun den Teig anheben und mit den Falten nach unten mitten aufs Backblech legen. Den Teigling mit einem scharfen Messer tief einschneiden und das Brot dann etwa eine halbe Stunde backen, bis es knusprig ist. Aus dem Ofen nehmen und vor dem Anschneiden eine Weile auf einem Brotgitter auskühlen lassen.

Im chinesischen Supermarkt Dun Yon in Amsterdam entdeckte ich in der Abteilung mit asiatischem Gemüse eine 200-Gramm-Packung *Dried Seaweed Knot,* getrocknete Tangknoten, von der Firma Golden Lion.

Im Englischen heißt Knotentang *Knotted Wrack* oder *Egg Wrack,* aber bei dieser Packung handelte es sich um Zuckertang, wie am weißen Belag zu erkennen war. Und um noch mehr Sprachverwirrung zu stiften: Die verwandte Braunalge *Laminaria digitata* wird manchmal ebenfalls Knoten genannt! Zu Hause schüttete ich den Inhalt der Packung auf den Tisch und fragte mich, ob der mattgrüne Tang von Menschenhand verknotet wurde oder von einer Maschine, die glibberige Tangstreifen schneiden und knoten kann.

Seltsam, denn die Tatsache, dass er sich bei der Ernte verknotet, ist einer der Gründe, weshalb es so schwierig ist, Tang zu sammeln. Warum sollte man also Knoten hineinmachen? Im Internet finde ich ein Rezept für einen traditionellen thailändischen Salat, für den man genau diese Art von Tang braucht.

Beim Kochen denke ich an meinen Großvater, der sich einen Knoten ins Taschentuch machte, wenn er sich etwas merken wollte. Stünde jeder Knoten in der Schale für einen Gedanken, dann wäre dieser Salat womöglich das probate Mittel gegen Gedächtnisverlust!

Laut Rezept soll man den Salat einen Tag ziehen lassen. Ich lade meine Nachbarin Judy ein, die sich gern als Versuchskaninchen zur Verfügung stellt, und erst in ihrem Beisein geht mir der Grund für den Knoten auf: Er dient dazu, das Gericht gerecht zu verteilen! Sechs Knoten für jeden, und, fast noch wichtiger: Man kann sich beim Essen daran festhalten.

Trotz dieser einfachen Erklärung überlege ich mir bei jedem Knoten, den ich zum Mund führe, woran ich mich noch erinnern möchte.

Taiwanesische Knotentangknoten

12 Seetangknoten, 2 Teelöffel Sonnenblumenöl,
3 kleingehackte Knoblauchzehen,
2 Esslöffel weißer Essig, 1 Teelöffel Zucker,
2 Teelöffel Sojasauce

Die Knoten zwanzig Minuten in Wasser einweichen. Öl im Wok verteilen und bei mittlerer Temperatur erhitzen, bis es anfängt zu rauchen. Den Tang einige Sekunden braten. Knoblauch in den Wok geben und unter vorsichtigem Rühren goldbraun braten. Alle anderen Zutaten hinzufügen und den Wok weitere zwei Minuten auf dem Feuer lassen. Die Knoten dann in eine Schale geben, alle parallel ausrichten, den Rest Sauce aus dem Wok darübergießen und das Ganze abkühlen lassen. Den Salat luftdicht abschließen und mindestens acht Stunden ziehen lassen. Auf diese Weise zubereitet, sind die Knoten mindestens eine Woche haltbar.

Die knotenähnlichen Sämlinge des Riementangs wurden in Schottland zu Saucen verarbeitet, in denen man Geflügel garte, doch ich bereite sie lieber nach dem Rezept von Chefkoch Luuk Langendijk zu.

Wenn man sich in der Nähe eines Fischereihafens oder Fischmarktes befindet, wo es sowohl frische Makrelen als auch Austern und Riementang gibt, kann man vier Personen mit diesem fabelhaften Gericht, in dem sich drei Meeresbewohner in Bouillon tummeln, beglücken. Die Kombination ist ausgesprochen delikat, ein Labsal für den Gaumen, so rein hat Meer noch nie geschmeckt.

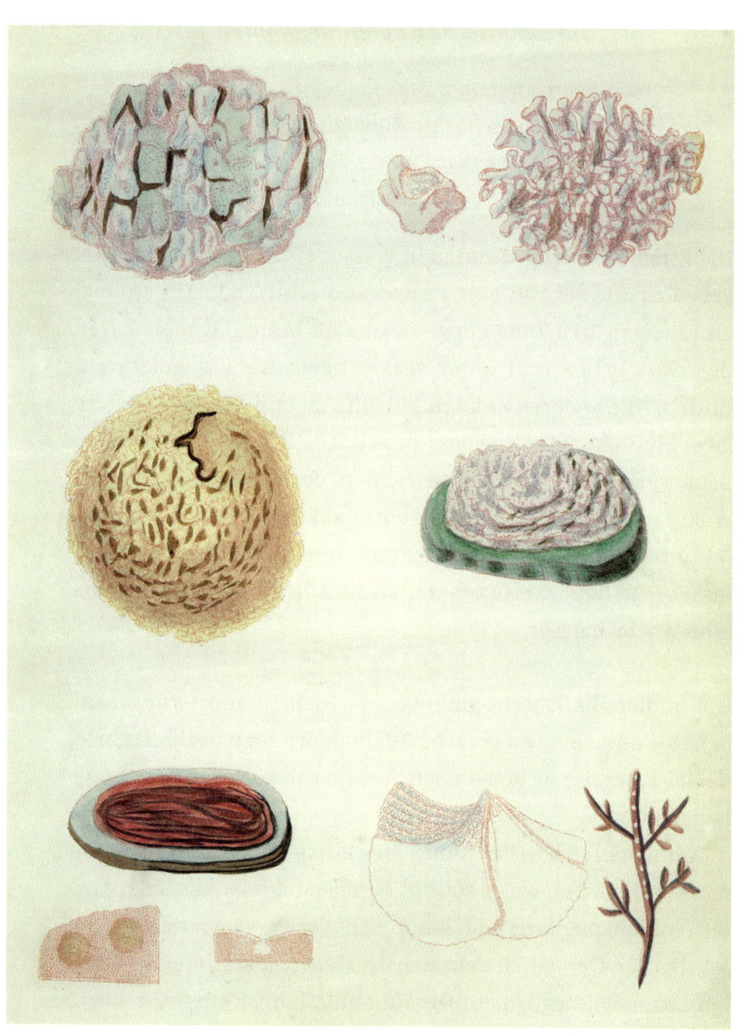

Algen nehmen die extravagantesten Gestalten an. Dabei ist ein Großteil der Tangarten auf unserem Planeten noch nicht entdeckt.

Riementang-Filet

200 Gramm rohes Makrelenfilet, Salz,
Pfeffer, Schale einer ½ abgeriebenen Zitrone, Olivenöl

Austernmayonnaise
Austernfleisch von 4 Austern,
1 Teelöffel Fischsauce, 2 Teelöffel Zitronensaft,
100 bis 200 Milliliter Rapsöl, Salz, Pfeffer

Knuspriger Seetang
100 Gramm frischer Riementang oder Meeresspaghetti,
Sonnenblumenöl zum Frittieren

Eingelegte Zwiebeln
1 mittelgroße milde weiße Zwiebel,
100 Milliliter Rotweinessig,
100 Milliliter Rote-Bete-Saft, 100 Milliliter Wasser,
1 Estragonzweig, Salz

Bouillon (einen Tag vorher zubereiten)
1 Kilo reife Tomaten, 100 Gramm getrockneter Seetang,
½ Teelöffel Essig, Salz

Die Makrelenfilets mit einem scharfen Messer in kleine Würfel schneiden. Etwas Zitronenschale darüber reiben und den Fisch vorsichtig pfeffern und salzen. Die Fischwürfel in den Kühlschrank stellen.

Die Zutaten für die Austernmayonnaise mit Ausnahme des Öls in eine Schale geben und mit dem Stabmixer fein pürieren. Nach und nach Öl hinzufügen, bis es sich mit dem Austernpüree zu einer steifen Mayonnaise verbindet.

Den Ofen auf 165 Grad vorheizen. Die Meeresspaghetti abspülen, bis sie nur noch leicht salzig schmecken, zwischen zwei Tüchern gut trockentupfen. Knusprig frittieren, bis es nicht mehr brutzelt.

Die Zwiebel schälen und in schmale Streifen schneiden. Essig, Rote-Bete-Saft, Wasser und Estragon in einem Stieltopf erhitzen, bis sie fast kochen. Die Zwiebelstreifen hinzufügen und das Ganze eine Minute garen. Abkühlen lassen und die Zwiebelstreifen beiseitestellen.

Die Tomate so klein wie möglich schneiden und aufkochen. Dann Tang, Essig und Salz hinzufügen und alles langsam abkühlen lassen.

Das Ganze in einen Behälter gießen und ins Tiefkühlfach stellen. Den Eisblock am nächsten Tag auftauen. Die Bouillon durch ein Mulltuch oder einen Kaffeefilter gießen, bis alle festen Bestandteile im Filter sind und die Bouillon klar ist. Erneut abschmecken und wenn nötig salzen und pfeffern.

Die Makrelenwürfel auf vier tiefe Teller verteilen. Einen Löffel Austernmayonnaise hinzufügen. Einige Streifen rote Zwiebel und etwas knusprigen Seetang dazugeben. Die kalte Bouillon in ein sauberes Kännchen umfüllen und bei Tisch in die Teller schenken.

Plattfisch im Seetangmantel

1 große Kliesche, 500 Gramm Kombu oder Zuckertang, kleine Holzspieße, 1 Zitrone

Den Ofen auf 160 Grad vorheizen. Die Kliesche entschuppen und ausnehmen. Backpapier auf ein Blech legen, den Zuckertang oder Kombu darauf ausbreiten und den Fisch darin einwickeln. Beim Fischbauch anfangen. Den Fisch quer zur breitesten Stelle des Tangs legen und diesen um den Fisch falten. Den Tang abschneiden und mit zwei oder drei Spießen feststecken. Nun den halb verpackten Fisch in Wuchsrichtung des Seetangs legen. Den Schwanz mit dem Ende des Tangs bedecken und dann den Rest über den Kopf legen und unter dem Fisch durchführen, bis man wieder beim Schwanz angekommen ist. Den Seetang so nah wie möglich um den Fisch legen und ihn der Länge nach wiederum mit Spießen feststecken. Die Kliesche 15 bis 20 Minuten im Seetangmantel garen, mit Zitronenscheiben garnieren und servieren. Den Seetang erst am Tisch entfernen.

Austernfischer brüten gern in Seetang. Mit ihren schwarzen Köpfchen und Rücken sind sie in den Algen gut getarnt, aber dieser Schutz genügt offenbar noch nicht. Wenn man sich ihrem Territorium nähert, fliegen sie laut schreiend über einen hinweg oder tun so, als wären sie verletzt, um von ihrem Nest abzulenken.

Beim Nestbau legen sie allerdings wenig Ehrgeiz an den Tag – eine Kuhle in den Algen reicht aus. Recht haben sie. Dann können ihre sandfarbenen Eier mit den kleinen schwarzen Punkten nicht wegkullern und sie fallen zwischen dem dunklen Tang kaum auf. Zweimal bin ich im Frühjahr über Nistmulden mit drei Eiern gestolpert, um sie nicht zu zertreten, musste ich mit einem Seitensprung ausweichen. In China werden die Vogelnester der Salanganen, asiatischer Klippenschwalben, als Delikatesse angesehen, aber mir ist folgende Variante lieber.

Meeresnest

100 Gramm getrockneter Zuckertang,
50 Gramm schwarzer oder roter und weißer Reis,
1 große Pastinake, 1 Limone

Beide Reissorten vermischen und kochen. Zuckertang in lange, dünne Streifen schneiden und diese etwa fünfzehn Minuten mit einem kleinen Stück Butter vorsichtig dünsten. Die Pastinake der Länge nach in hauchdünne Streifen schneiden und zu Chips frittieren, sie dürfen aber nicht braun werden, sonst verlieren sie ihre Süße. Drei oder vier Reiskugeln auf einem Teller anrichten, Zuckertang und Pastinaken-Streichhölzer drumherum zu einem Nest bauen. Mit ein paar Tropfen Limonensaft servieren.

Luftlinie elf Kilometer von der Knockvologan Beach entfernt wohnte oben auf der beeindruckenden Basaltformation Burg über viele Generationen eine Familie von Schäfern, die MacGillivray. Im Archiv von Balevulin blättere ich im Rezeptebuch von Chrissie, der ältesten Tochter der MacGillivrays, die auf Mull als ausgezeichnete Köchin und Spinnerin bekannt war. Sie färbte ihre Wolle mit dem Sud von einheimischen Pflanzen und trug tagaus, tagein einen selbstgestrickten Pullunder, darüber eine andersfarbige Jacke und einen dazu passenden Rock. Wer auf dem Weg zum versteinerten Baum am Fuß der Klippe an ihrem Haus vorbeikam, bekam auf dem Hin- und Rückweg Tee angeboten. Die MacGillivrays waren Selbstversorger. Zwischen Chrissies Anleitungen für die Herstellung von Seife, Hasenpastete und Knochensuppe (man nehme entweder frische oder getrocknete Knochen, aber nie beides zusammen) finde ich ihr Knorpeltang-Rezept, das sie sicher regelmäßig gekocht hat. Mit fast neunzig Jahren wurde sie von Morag McColl interviewt. Während sie Wolle spann, erzählte sie: »Wir gingen immer runter zum versteinerten Baum … Ich sammelte Carrageen-Algen und meine Brüder Wellhornschnecken. Carrageen wird schnell blass, nein, für Pudding braucht man nichts weiter, nur Carrageen-Algen. Sie schmecken ein bisschen nach Meer, das ist gut für den Magen und fürs Herz; *aye*. Wir hatten alles, wir haben alles verwendet.«

Carrageencreme

570 Milliliter Milch, 10 Gramm getrocknete Carrageen-Algen, 60 Gramm Zucker, 1 Esslöffel Schokoraspeln, 235 Milliliter Sahne, ¼ Teelöffel Vanilleextrakt

Als Erstes die Sahne steif schlagen. Währenddessen die Carrageen-Algen ein paar Minuten in Wasser einweichen, dann Tang und Zucker zusammen mit der Milch in einen Stieltopf geben. Die Milch zum Kochen bringen und unter Rühren köcheln lassen, bis die Flüssigkeit an der Rundung eines Löffels fest wird. Weiterrühren. Die Algen herausnehmen und die Schlagsahne zusammen mit dem Vanilleextrakt und den Schokoraspeln vorsichtig unterheben. Die Carrageen-Creme an einem kühlen Ort fest werden lassen.

Der Name Darmtang ist zutreffend, aber doch etwas unappetitlich. Im Sommer kann er zu dicken Büscheln heranwachsen, die aus der Ferne mit Seehunden oder schwimmenden grünen Pontons verwechselt werden können. Er wächst im Wattenmeer, unten an Deichen, an Pfählen bei Anlegern, Hafenkais, Steigern und Dalben, auf Muscheln, an Ankerleinen und unter Wasser am Rumpf von Schiffen, die lange an derselben Stelle liegen. Darmtang wird nur wenige Wochen alt. In Butter lassen sich daraus krause Chips braten, und wegen seines süßlichen Geschmacks kann man beim Zucker sparen, wenn man ihn für Gebäck verwendet.

Seejungfrauen-Konfetti

3 Esslöffel getrockneter Darmtang oder Meersalat (im Bioladen erhältlich), 125 Gramm ungesalzene Butter, 75 Gramm Farin- oder Rohrzucker, 180 Gramm Weißmehl, 1 Eigelb

Den Ofen auf 180 Grad vorheizen. Die Butter in kleine Stücke schneiden, mit Zucker, Eigelb und Algenflocken verkneten und das Mehl über die Masse sieben. Den Teig gut durchkneten und zu zwei Rollen von 15 × 3 Zentimeter formen und diese in Frischhaltefolie eingewickelt für eine halbe Stunde in den Kühlschrank legen.

Danach die Rollen in etwa ein Zentimeter breite Streifen schneiden, mit der Gabel drei Löcher in jeden Keks pieksen. Die Kekse auf ein mit Backpapier bedecktes Backblech legen und sie acht Minuten im vorgeheizten Ofen goldbraun backen.

Neben Pis Entdeckung und seinem Algen-Schlemmermahl steht Harry Potters Biss ins Kiemenkraut in *Harry Potter und*

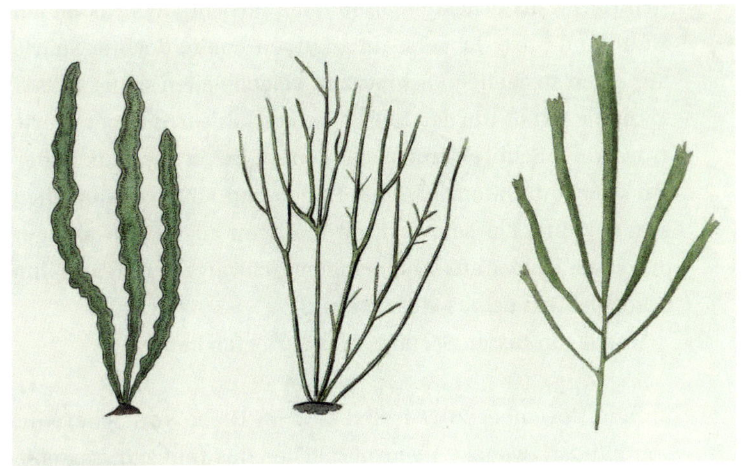

Der weit geöffnete, raschelnde, röhrenförmige Darmtang trägt auch den Namen ›Seefrauenhaar‹.

der Feuerkelch von J. K. Rowling. Kurz vor der zweiten Aufgabe im Trimagischen Turnier wird Harry von dem Elfen Dobby geweckt, der ihm erzählt, worin diese Aufgabe besteht:

> *»Sie müssen essen, Sir!«, quietscht er und zieht etwas heraus, das aussieht wie eine Kugel aus schmierigen, graugrünen Rattenschwänzen. »Kurz bevor Sie in den See gehen, Sir – Kiemenkraut!«*

Am Rand des Sees stopfte sich Harry Potter die Kugel in den Mund. Er kaute das Kiemenkraut so kräftig und schnell er konnte; es fühlte sich unangenehm schleimig und gummiartig an wie die Greifarme eines Tintenfischs. Hüfthoch im eisigen Wasser hielt er inne. Das Gelächter aus dem Publikum wurde lauter. Wo blieb die Zauberkraft? Dann, ganz plötzlich, fühlte sich Harry, als drückte man ihm ein unsichtbares Kissen auf Mund und Nase. Er versuchte, Luft zu holen, doch er spürte nur einen stechenden Schmerz zu beiden Seiten seines Halses. Als er die Hände um den Hals legte, erschrak er, denn er spürte zwei große Schlitze hinter den Ohren, die in der Luft flatterten ... Er hatte Kiemen. Seine Hände und Füße verwandelten sich in grüne Flossen, und mit kräftigen Zügen schwamm er durch die Wälder aus wimmelndem, schwarzem Tang, wo ihm schon die Grindelohs auflauerten.[16]

Was so ein Bissen Seetang alles anrichten kann ...

Anfang November 2017 trafen sich im Hafen von Scheveningen hundertzwanzig Algenspezialisten aus fünfzehn verschiedenen Ländern zu dem dreitägigen Symposium *Seagriculture*. Neue Erkenntnisse wurden ausgetauscht und neue Kooperationen vereinbart, um die aufstrebende europäische Algenzucht und die Möglichkeit, Kraftstoff aus Algen zu gewinnen, voranzutreiben. Bei den Vorträgen fiel mir auf, wie großzügig jeder Sprecher und jede Sprecherin das eigene Wissen teilte und zur Zusammenarbeit aufrief. Diese Eingeweihten waren nicht nur darauf aus, Profit aus Algen zu schlagen, sondern sprachen so beschwingt über nachhaltige Investitionen, dass sie darin den Algen selbst ähnelten.

Das Schreckensszenario ist Gewissheit: Schon bald wird es für einen Teil der Weltbevölkerung nicht mehr genügend Nahrung geben. Die Kluft zwischen Arm und Reich wird noch viel größer werden. Die fossilen Brennstoffe werden bald verbraucht sein. Wir müssen uns nach Alternativen umsehen und auf Pestizide, Antibiotika und Plastik verzichten. Die Tangindustrie könnte, sofern sie lokal geführt wird und ökologisch verantwortlich arbeitet, einen wesentlichen Beitrag zur Lösung der vom Menschen verursachten Probleme leisten.

Die Spannkraft der Alge, dieser ›niederen‹ Pflanze, die so viele wundersame Gestalten annimmt und unzählige heilkräftige und nährende Eigenschaften besitzt, könnte tatsächlich unsere Rettung sein.

Ende Januar wate ich an einem stillen Tag durch die Brandung. Flügeltang umspielt meine Knöchel. Ich gehe ins Meer und sehe Blasentang winken. Unter dem Meeresspiegel schraffiert er die Bucht. Als Erstes sah ich das alles von unten, da war ich Alge.

Federtang
Bryopsis plumosa

Hen pen / Mossy Feather Weed
Algue plumeau

Federtang ist eine zarte, fiedrige Grünalge. Der runde Stiel, nicht dicker als ein Pferdehaar, sieht nackt aus. Nach oben hin ist die Alge regelmäßig gefiedert, aber abgeflacht: Die Seitentriebe liegen in einer Ebene und sprießen einander gegenüber. Zum Ende hin werden sie immer kürzer. Der Thallus der weiblichen Pflanze ist leuchtend grün, der der männlichen eher gelbgrün. Beide sind glänzend.

Federtang ist besonders biegsam und wird etwa zwölf Zentimeter lang. Er hält sich mit einigen Haftkrallen am felsigen Untergrund fest.

Federtang lebt in kleinen Felsentümpeln, oft verborgen unter anderen Algen. In einem englischen Naturführer wird er daher als »schüchtern« bezeichnet. Tatsächlich weicht er aus, wenn man sich ihm unter Wasser nähert.

Federtang ist im Mittelmeer verbreitet, im Atlantik und in der Nordsee bis in die Nähe von Helgoland. An ruhigen Stellen und unter Überhängen bleibt er permanent unter Wasser. In der westlichen Ostsee wächst er in Küstennähe zwischen Seegras. Man sieht ihn auch in der Oosterschelde, in der Mündung der Westerschelde, im Marsdiep, der Meerenge zwischen der Insel Texel und dem niederländischen Festland, bei Terschelling und in Binnengewässern.

Aquariumsbesitzer schimpfen oft über ihn, aber daraus macht sich der Federtang nichts und wuchert munter weiter.

10 cm

Drahtalge
Chaetomorpha linum

Green Hair Weed

Crinière flottante

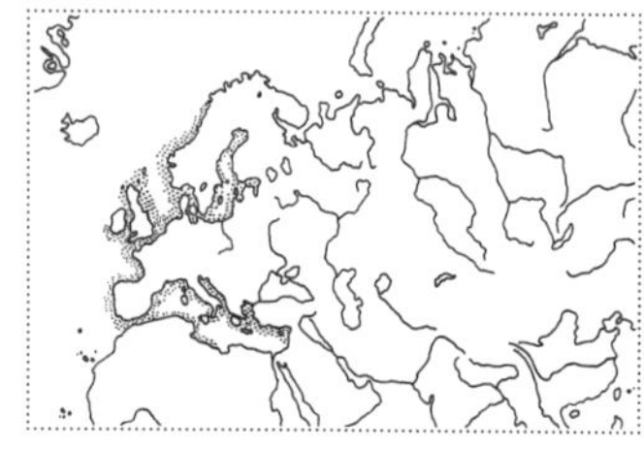

Die Drahtalge, oder auch Borstenhaar, ist eine zarte, fadenförmige Grünalge. Die Fäden bestehen aus kettenförmig aneinandergereihten, zylindrischen Zellen, die bis zu zweimal länger als breit sind, und verjüngen sich zur Basis hin. Sie bilden keine Seitentriebe. Trotz ihrer geringen Dicke von nur wenigen Millimetern sind sie ziemlich steif. Die längsten Pflanzen werden bis zu vierzig Zentimeter lang. Die Alge ist hellgrün, beinahe hellblau. Ältere Pflanzen können vergilben. Die Drahtalge hat nur ein kleines Haftorgan und wächst vor allem auf trockenfallenden Sand- oder Schlickbänken an seichten, geschützten Stellen. Sie kommt im Mittelmeer und an der Atlantikküste vor, bis hoch zur Ostsee. Die Drahtalge kann auch ohne festen Untergrund weiterwachsen und ins Treiben geraten. Angeschwemmte Pflanzen bieten Flohkrebsen, Strandkrabben und Wattschnecken Schutz. Im Frühjahr haben sie einen hohen Gehalt an Eisen, Zucker und Vitamin C.

Im Niederländischen heißt die Alge *visdraad,* Angelschnur. Dieser Name dürfte kurz nach dem Zweiten Weltkrieg entstanden sein, als die ersten Knäuel aus Kunstfaser an Land gespült wurden. 1947 erwähnt Jan Schreiner in *De kunst van het snoeken* (Die Kunst der Hechtfischerei) seine Angelschnur aus Nylon. Er dürfte einer der Ersten gewesen sein, die eine solche verwendeten, denn Wallace Carothers hatte das sogenannte *fibre 66* erst 1938 zum Patent angemeldet.

In Aquarien wird die Drahtalge häufig dazu verwendet, das Wasser von Nitraten zu reinigen und den pH-Wert zu regulieren.

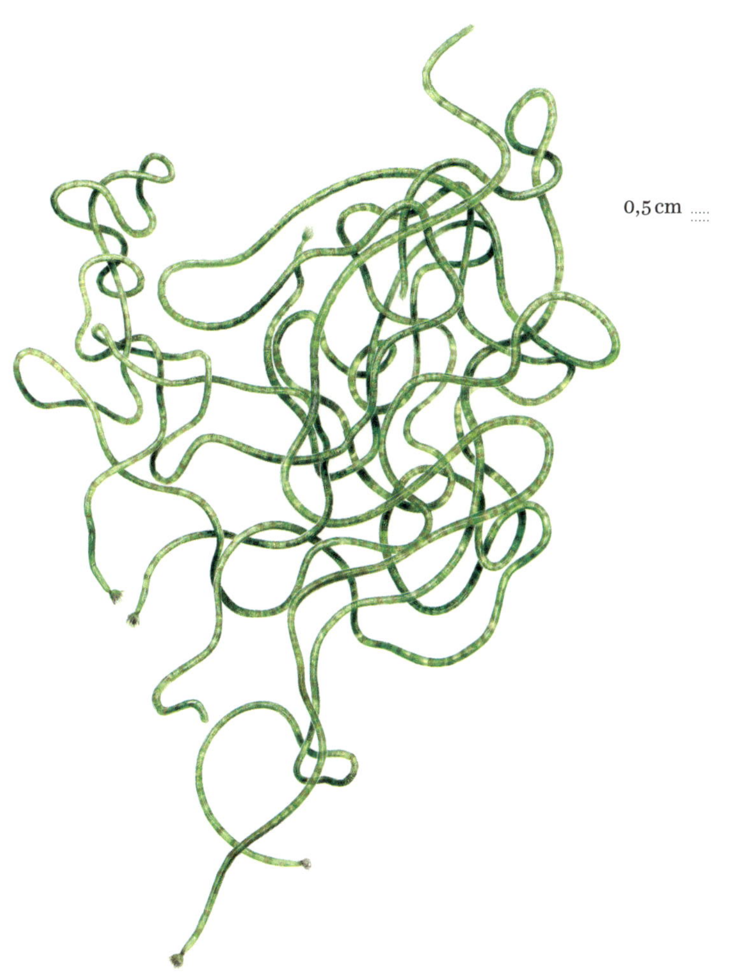
0,5 cm

Meersalat
Ulva lactuca

Sea lettuce

Laitue de mer

Die leuchtendgrünen Blätter des Meersalates fallen zwischen dunkelbraunen und roten Algen besonders auf. Sie sind mehr oder weniger rundlich, manchmal gelappt und können einen Durchmesser von maximal einem Meter erreichen. Die Blätter sind hauchdünn und fühlen sich steif an, reißen aber leicht ein. Wenn sie an Land geschwemmt wird, ist die Alge meist stark zerknittert. Unter Wasser kann man die Blätter (also den Thallus) wieder auffalten, die Blätter lassen sich dann wie die Folie eines riesigen Schokoladeneises glattstreichen.

Der Thallus des Meersalats besteht nur aus zwei Zellschichten. Wie mit einem Saugnapf hält er sich mit seiner Haftscheibe, die unter dem kurzen Stiel kaum auffällt, am Untergrund fest. Wenn er sich vom Untergrund löst, lebt er noch lange Zeit weiter.

Meersalat kommt in allen Weltmeeren in der Übergangszone zwischen Küste und Tiefsee vor. Er ist sehr tolerant gegenüber Schwankungen von Temperatur und Salzgehalt und verträgt starke Verschmutzung. Oft ist der Meersalat die erste Alge, die in verseuchten Gebieten, etwa nach einer Ölpest, wieder wächst.

Nur ein Gramm frischer Meersalat kann 600 Mikrogramm Stickstoff binden. Darum könnte er in Zukunft eine herausragende Rolle wie die »sich selbst reinigenden Wassergärten« in nächster Umgebung von Lachszuchtbetrieben spielen. Meersalat lässt sich zur Abwasserreinigung einsetzen und kann dann weiter in Biogasanlagen verwendet werden.

20 cm

Trichteralge
Padina pavonica

Peacock's tail

Padine queue-de-paon

Die Trichteralge ist trotz ihrer geringen Größe eine der auffälligsten Algen. Sie gleicht einem blendenden Pfauenschwanz ohne Augen, weshalb die Trichteralgen in mehreren Sprachen tatsächlich ›Pfauenschwanz‹ genannt werden, im Englischen auch Truthahnfedernalge. Der olivbraune bis aschgrau-braune Thallus fächert sich oberhalb der fast unsichtbaren Haftscheibe immer weiter auf. An der Außenseite wechseln sich drei bis fünf Millimeter breite, konzentrische Streifen in Braun und Olivgrün ab. Diese Farben werden meist von Kalk verdeckt, der sich auf dem Thallus absetzt und die Alge silbern überpudert. Auf der Innenseite ist der Pfauenschwanz oft limonengrün und fühlt sich wie viele andere Braunalgen leicht schleimig an. Der obere Rand der Alge ist nach innen gebogen und mit fusseligen weißen Wimpern gesäumt.

Die Trichteralge ist einjährig. Ihr Thallus wird bis zu zehn Zentimeter groß und stirbt im Herbst ab. Im nächsten Sommer wächst die Pflanze an derselben Stelle erneut nach, oft in Büscheln.

Die Trichteralge haftet auf porösem Untergrund, losen Kalksteinen, Muscheln und Korallenriffen in bis zu 20 Metern Tiefe und kann sich an geschützten Stellen der Küste ausbreiten. Sie verträgt große Temperaturschwankungen. Vor der englischen Küste nehmen die Trichteralgenbestände von Jahr zu Jahr ab.

Padina pavonica wird in der Kosmetik verwendet, um der Haut Feuchtigkeit zuzuführen.

15 cm

Blasentang
Fucus vesiculosus

Bladder Wrack

Chêne marin

Blasentang hat große abgeflachte Thalli (Vegetationskörper), die mit einer großen Haftscheibe (Haftplatte) über einen kurzen Stiel mit dem Untergrund verbunden sind. Die lederartig-derben Thalli sind von einer Mittelrippe durchzogen und regelmäßig gegabelt. Die paarig angeordneten rundlichen Gasblasen auf beiden Seiten der Mittelrippe erinnern an runde Krötenaugen. Sie geben der Alge Auftrieb. In Gebieten mit mehr Seegang können diese typischen Luftblasen in den fleischigen Teilen auch fehlen. Die Alge hat einen glatten Rand.
An den Thallusenden wachsen Fäden wie Haarbüschel aus flachen Poren. Die einzelnen Thalli sind etwa zwei Zentimeter breit und werden zwanzig bis dreißig Zentimeter, manchmal sogar bis zu siebzig Zentimeter lang. Blasentang wächst häufig in einem Band dicht unterhalb des Sägetangs.

Zur Fortpflanzung bildet Blasentang im Sommer an den Thallusenden geschwollene ›Fruchtkörper‹ (Rezeptakel) mit warziger Oberfläche und gallertigem Inhalt. Hier werden die Geschlechtszellen gebildet. Bei ansteigender Flut treten sie aus, die Samenzellen werden von den Eizellen angelockt. Aus der befruchteten Eizelle entwickelt sich dann ein neuer Thallus.

Englische Weber nannten den Blasentang Red Wrack oder Dyers Wrack und färbten ihre Wolle damit hellgelb. Blasentang werden viele Heilkräfte zugeschrieben.

100 cm

Zuckertang
Saccharina latissima

Sugar kelp / Weather Weed
Baudrier de Neptune

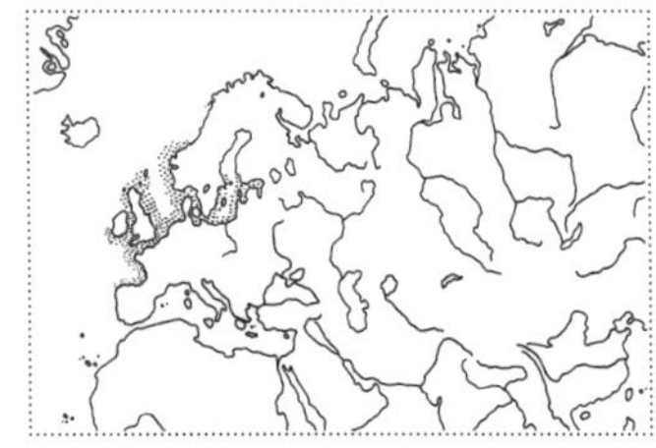

Der Zuckertang bildet charakteristische große, kastanienfarbige, gleichmäßig breite und langgestreckte flache Wedel, die an den Rändern stark gewellt, fast gerüscht sind. Sie können bis zu drei Meter lang und rund dreißig Zentimeter breit werden und sind zur Spitze hin etwas verjüngt. Sie sind nicht verzweigt und ohne Mittelrippe. Der Wedel ist über einen kurzen dicken Stiel und ein kräftiges krallenartiges Haftorgan mit dem felsigen Untergrund verbunden. Zuckertang kann zu Tangwäldern heranwachsen, ist aber empfindlich gegen starken Seegang.

Zur Fortpflanzung bilden sich über das ganze Jahr hinweg auf den Blattoberflächen die ›Sori‹, in denen Sporen gebildet werden. Diese entwickeln sich zu getrenntgeschlechtlichen Pflänzchen, auf denen die Geschlechtszellen entstehen. Die Eizellen locken die Spermatozoide an, und aus den befruchteten Eizellen entwickeln sich dann wieder die Thalli des Zuckertangs.

Zuckertang wird oft als ›Kombu‹ vertrieben. Er enthält den Süßstoff Mannitol, der sich im Sommer als dünne Schicht weißer Kristalle auf der Alge absetzt, wenn sie trocknet. Wegen seines hohen Zuckergehaltes kann durch Vergärung Alkohol hergestellt werden. Früher benutzte man Zuckertang auch als Barometer, indem man die Alge als ›Arme-Leute-Wetterglas‹ an die Wand hängte. Blieb der Thallus fest, ging man davon aus, dass in den nächsten Tagen trockenes Wetter herrscht. Wurde die Alge dagegen weich und schlaff, lag Feuchtigkeit in der Luft und es sah ganz nach Regen aus.

500 cm

Fingertang
Laminaria digitata

Oarweed / Tangle / Red ware
Goémon de coupe

Der Fingertang hat einen breiten, schokoladenfarbenen Wedel (Phylloid) mit zahlreichen tiefen Einschnitten. Dadurch sieht der Wedel aus, als würde er aus zahlreichen Fingern bestehen (das lateinische *digitus* heißt ›Finger‹). Die Alge glänzt so stark, dass sie den Himmel widerspiegelt, und fühlt sich weich und klebrig an. Der Fingertang ist über einen kräftigen Stiel, der biegsam und im Querschnitt oval ist, und ein krallenartiges Haftorgan mit dem felsigen Untergrund verbunden. Er wird bis zu zwei Meter lang, der Wedel alleine bis zu 1,5 Meter. Je klarer das Wasser ist, desto größer wird die Alge und desto mehr Finger bekommt sie. Im Winter werden die gespeicherten Reservestoffe in den Stiel geschickt. Im Frühjahr wächst von dort aus ein neuer Wedel heran. Fingertang kann bis zu sechs Jahre alt werden.

Fingertang kann ausgedehnte unterseeische Wiesen im Niedrigwasser an Felsküsten bilden, vor allem an Stellen, die nur selten trockenfallen. Die Fortpflanzung ist der des Zuckertangs sehr ähnlich, wie bei allen Arten der Gattung *Laminaria*. Die Seeigelgattung *Strongylocentrotus* ist ganz versessen auf Fingertang und grast die Tangwälder bis zum Meeresboden ab.

Im 18. Jahrhundert wurde Fingertang zu Tangasche für die Seifen- und Glasindustrie verbrannt, und im 19. Jahrhundert diente er zur Jodgewinnung. Er wird heute auch als Dünger verwendet. Die aus ihm gewonnenen Alginate, Schleimsubstanzen, werden in der Kosmetikindustrie für Hautcremes und auch für Zahnpasta verwendet.

200 cm

Sägetang
Fucus serratus

Toothed Wrack

Varech dentelé

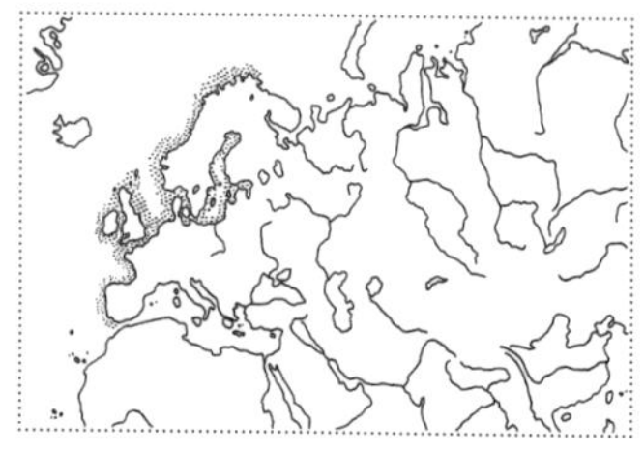

Sägetang ist dem Blasentang sehr ähnlich, er besitzt ebenfalls große abgeflachte Thalli (Vegetationskörper), die mit einer Haftplatte über einem kurzen Stiel mit dem Untergrund verbunden sind. Die Thalli sind von einer Mittelrippe durchzogen und regelmäßig gegabelt, die Enden sind abgeflacht. Der Thallusrand ist jedoch scharf gesägt, außerdem fehlen Gasblasen. Beim Sägetang befinden sich an den Thallusenden unzählige kleine Gruben, aus denen Haarbüschel sprießen. Die einzelnen Thalli sind etwa zwei Zentimeter breit und werden bis zu einem halben Meter lang.

Der Sägetang hat ein großes Verbreitungsgebiet, wächst an weniger exponierten Stellen an Felsküsten von Norwegen bis Portugal. Oft bildet er eine eigene Zone in den tieferen Bereichen des Gezeitengebietes, die *Fucus-serratus*-Gemeinschaft genannt wird. Zur Fortpflanzung bildet er in den Wintermonaten an den Thallusenden ›Fruchtkörper‹ (Rezeptakel) mit warziger Oberfläche und gallertigem Inhalt, sie sind aber im Gegensatz zum Blasentang eher flach und daher unauffällig.

Auf Sägetang siedelt oft das Zwergmoos, ein kolonienbildender Hydropolyp (*Dynamena pumila*), der an ein Moospolster erinnert. Außerdem lebt auf ihm gern die Meeresschnecke *Littorina fabalis*, die dort ihre Eier ablegt und die vielen mikroskopischen Algen auf seiner Oberfläche frisst.

Aus Sägetang lassen sich Grundstoffe für die Kosmetikproduktion gewinnen, und er wird für die Thalassotherapie genutzt.

200 cm

Purpurtang
Porphyra umbilicalis

Purple Laver

Laver

Der Purpurtang, auch Hauttang oder Nabel-Hauttang und Nabel-Purpurtang genannt, hat die Form eines wellig-faltigen Lappens, der aus einer zähen, gallertartigen Schicht besteht. Die Lappen sind je nach Jahreszeit dunkel violettrot, rotbraun, grünlich-violett oder oliv gefärbt und werden etwa 60 Zentimeter lang. Der hauchzarte Purpurtang besteht immer aus nur einer Zellschicht, ist also dünn, aber kräftig. Er heftet sich mit einem ›Nabel‹, ein Haftorgan in etwa der Mitte des Lappens, an harten Untergründen fest. Bei Ebbe fallen die Lappen trocken, was der Alge überhaupt nicht schadet. Die Thalli trocknen dann größtenteils zu harten Zöpfen ein. Schwarz verfärbt sieht der glänzende, kopfunter hängende Purpurtang wie eine Kolonie schlafender Fledermäuse aus. Bei Flut scheint der Purpurtang sich dann direkt aus dem Untergrund zu entfalten, die Thalluslappen sind zur Mitte hin zusammengefaltet.

Die Alge liebt ein raues Umfeld dicht unter der Hochwasserzone mit starkem Wellengang. Sie wächst auf Felsen an der Meeresküste, aber auch an Deichen, Wellenbrechern, auf Holz, Seepocken und Muscheln inmitten der Meeresbrandung.

Purpurtang hat einen hohen Eiweiß- und Vitamingehalt. Als ›Nori‹-Nahrungsmittel ist er außerordentlich populär. In Wales wird er stundenlang gekocht und als *laverbread* zum Frühstück serviert, in Cornwall mit Essig besprenkelt und auch kalt gegessen. Die Engländer nennen den Purpurtang *black butter*.

60 cm

Lappentang
Palmaria palmata

Dulse

Goémon à vache

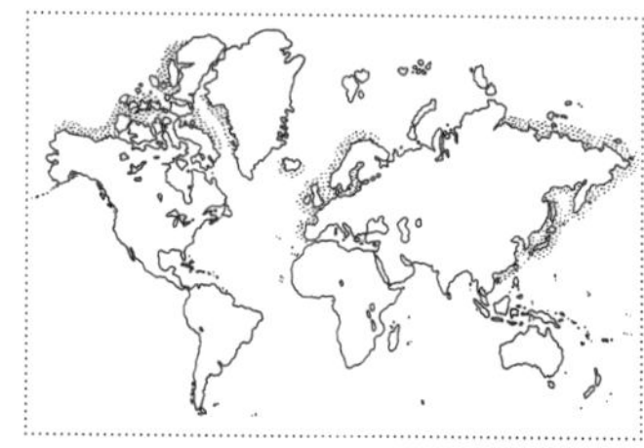

Die flachen Wedel des Lappentangs sind wie eine Handfläche geformt. Sie wachsen ohne Stiel direkt aus dem Haftorgan und verteilen sich in breite Segmente, die bis zu zwanzig Zentimeter lang werden können. Lappentang gibt es in vielen Farbvarianten, von dunkelrosa bis rötlich lila, er hat eine ledrige Textur. An den Rändern der Wedel älterer Pflanzen wachsen weitere kleine Wedel, vor allem dort, wo er beschädigt ist. Junge Pflanzen sind weniger ledrig und fast durchsichtig. Unter Wasser wirkt die Alge violett. In Skandinavien diente sie als Heilmittel bei Infekten, gegen Seekrankheit und Kater. Seit ein paar Jahren wird Lappentang entlang der europäischen Küste zum Verzehr gezüchtet.

Der irische Mönch Columban, der auf der Insel Iona landete, um eine Abtei zu stiften, soll im 6. Jahrhundert gesagt haben: »Lasst mich meiner täglichen Arbeit nachgehen, Lappentang sammeln, fischen, den Armen zu essen geben.« Tausend Jahre später stand Lappentang, auch Dulse genannt, täglich auf dem Speisezettel der isländischen Schüler der Lateinschule. Er hat einen vollen, leicht rauchigen Geschmack, der an salzigen Speck oder geröstete Haselnüsse erinnert.

Der Name Dulse kommt vom Keltischen *dillisk*, was ›Wasserblatt‹ bedeutet. Wahrscheinlich meinte H. G. Wells in seinem *Krieg der Welten* den Lappentang, als er von vorrückenden Rotalgen sprach, die die Außerirdischen auf die Erde mitbrachten. Wells' Geschichte zufolge hat der Planet Mars seine rote Farbe dieser Alge zu verdanken.

50 cm

Korallenmoos
Corallina officinalis

Common Coral Weed
Coralline

Korallenmoos, auch Meermoos, Krallen oder Wurmmoos genannt, ist eine Rotalge, die einem Farn ähnlich sieht. In den Zellen ist Kalk eingelagert, was den Thallus derart versteift, dass die Alge tatsächlich aushärtet und aufrecht im Wasser steht. Die einzelnen Segmente sind an ihren Kontaktstellen jedoch unverkalkt und somit gegeneinander etwas beweglich, was das Korallenmoos elastisch macht. Die Fortpflanzungsorgane befinden sich in den Spitzen der Sprossglieder (Segmente). Wenn die lilarosa Algen sich vom Untergrund lösen, werden sie schneeweiß und spröde.

Korallenmoos wächst auf Felsen, von der Brandung geschützt und kommt bis zu in einer Tiefe von rund zwanzig Metern vor. In Europa ist es eigentlich nicht heimisch, wird aber oft angespült.

Der flämische Botaniker und Arzt Rembert Dodoens schrieb in seinem *Cruydeboeck* (Kräuterbuch, 1554): »Korallenmoos hat steinartige kurze Stiele, als wäre es mit Knien versehen, die sich in dünne Schnipsel und nahezu haarförmige Seitenzweige verteilen und ausbreiten, welche zusammen aus einem steinartigen Kopf wachsen. Die Pflanze ist so hart, dass sie in ihrer Erscheinung und ihrem Wesen eher einem Stein als irgendeinem Kraut ähnelt.«

In der Vergangenheit hat man Korallenmoos zur Behandlung von Parasiten eingesetzt und um Wurmkuren durchzuführen. Weil das Korallenmoos Kalk enthält, hat es sich als Fossil im Stein abgezeichnet. Beispiele hierfür fand man im Jura, in der Kreide und im Tertiär.

12 cm

Knorpeltang
Chondrus crispus

Carrageen / Irish Moss

Goémon blanc

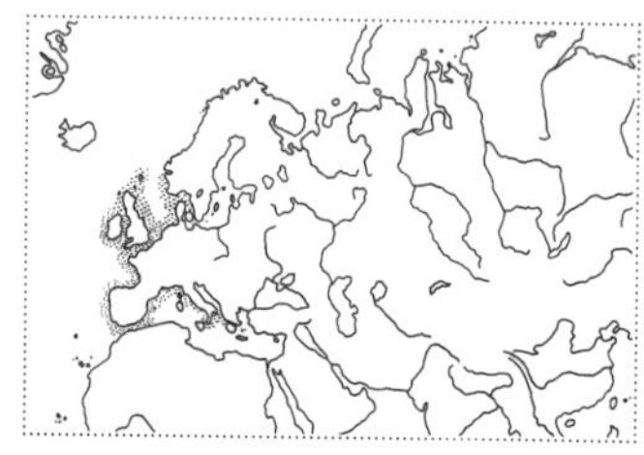

Knorpeltang, auch Irisch Moos, Perlmoos oder Carrageen-Alge genannt, bildet büschelförmige Thalli, die mit einer diskusförmigen Haftscheibe am Untergrund festgewachsen sind. Von dort entspringen meist mehrere Büschel unterschiedlichen Alters, jeder von ihnen an einem abgeflachten Stiel, der sich wieder in ein bis fünf fächerförmige Verzweigungen aufteilt. Die Textur des Thallus ist häutig bis knorpelig. Die Alge kann sehr vielfältig aussehen, von ganz flach bis zu kraus wie Petersilie, und auch die Farbe ist variabel, von dunkelrot über purpurn bis zu violettbraun. An sehr hellen Standorten kann die Alge sogar blass gelbgrün wirken. Jüngere Teile des Thallus sind manchmal irisierend blau. Die Breite der Thallusspitzen variiert zwischen einigen Millimetern und mehreren Zentimetern. Die Thallusenden sind viereckig. Jede einzelne Pflanze kann bis zu zwanzig Zentimeter groß werden. Sie bildet große Gemeinschaften, die kahlen Miniatur-Laubbäumen im Winter ähneln.

Knorpeltang ist mehrjährig und wuchert auf Steinen und Felsen, sowie in kleinen Felstümpeln von geringer Tiefe.

Knorpeltang spielt in der Nahrungsmittelindustrie eine wichtige Rolle, weil man aus ihm Agar-Agar gewinnt. Früher klärten die Imker ihren Honig damit, und auch Bierbrauer nutzen es oft zum Filtern als eine Art Fangnetz für die unlöslichen Bestandteile im Gebräu.

20 cm

Anmerkungen

1 Fuson, Robert H. (Hg.), *Das Logbuch des Christoph Kolumbus,* Bergisch Gladbach 1989, S. 113 f. **2** Ebd., S. 122. **3** Fuhr, Maximilian, *Pytheas aus Massilia, historisch-kritische Abhandlung,* Darmstadt 1842, S. 15. **4** Avienus, Rufius Festus, *Ora maritima,* lateinisch und deutsch, Darmstadt 1968. **5** Alexander von Humboldt, *Kosmos. Entwurf einer physischen Weltbeschreibung,* Band 1, Stuttgart 1845. **6** Nachdem ich die Drucke gesehen hatte, bat ich den Japanologen Jos Vos, die dazugehörigen Gedichte zu übersetzen, weil ich hoffte, sie würden von Seetang handeln. Zusammen mit Kaori Flossmann, Keiko Harada und Kazufumi Suzuki gelang es ihm, die komplexen Zeichen zu entziffern. **7** Rummens, Maurice, *www.journal.stedelijk.nl/het-rode-kazuifel-van-matisse*], letzter Zugriff 1. 11. 2018. **8** »Zwei Langgedichte nebst Nachtgesängen, verfaßt auf der Reise in die Hauptstadt von Kakinomoto no Hitomaro nach dem Abschied von seiner Frau in der Provinz Iwami«, aus: *Rotes Laub,* hg. und übers. von Jürgen Berndt, Leipzig 1972, S. 9 f. **9** Dieses und alle nachfolgenden japanischen Gedichte aus dem Niederländischen übersetzt von Bettina Bach. **10** Roger Deakin, *Logbuch eines Schwimmers,* Berlin 2015, S. 154. **11** T. S. Eliot, *Ausgewählte Gedichte,* Frankfurt a. M. 1951. **12** Niederländisches Institut für Ökologie (NIOO-KNAW), Zeesla: massale groei van ›waterbrandnetel‹ opgehelderd, (Meersalat: massives Wachstum der ›Wasserbrennnessel‹ geklärt), Pressemeldung vom 27. 1. 2000. **13** Daan, Dr. Johanna Catharina, *Wieringer land en leven in de taal* (Wieringer Land und Leben in der Sprache), Alphen 1950. **14** Bruin, Cor, *Strandgut,* Leipzig 1942, S. 66–76. **15** Martel, Yann, *Schiffbruch mit Tiger.* Frankfurt a. M., 2003, S. 312 f. **16** Rowling, Joanne K., *Harry Potter und der Feuerkelch,* Hamburg 2000, S. 512–515.

Dank

Mit Dank an Bettina Bach, Willem Brandenburg, Jozee Brouwer, Rachel Culver, John Day, Michel Dijkstra, Rutger Emmelkamp, Menno Fitski, Kaori Flossmann, Kerry Fround, Judy Gibson, Keiko Harada, Kew Herbarium Richmond, Florian Hintermeier, Nienke Hoogvliet, die Koninklijke Bibliotheek in Den Haag, Guillaume Kalb, Anna Krans, Luuk Langendijk, Christine Leach, Julia Lohmann, Dr. Dieter G. Müller, Chasper Pult, das Rijksmuseum Amsterdam, Daniël Rovers, die Scottish Association for Marine Science in Dunstaffnage, Judith Schalansky, Familie Van der Sluis, das Stadtarchiv Konstanz, Prof. Dr. Jürg Stöcklin, Kazufumi Suzuki, das Victoria and Albert Museum London, Samuel Vriezen, Jos Vos, Lin Zwamborn-Klaassen.

Algen kam unter anderem dank eines Reise- und Arbeitsstipendiums des Nederlands Letterenfonds zustande.

Nederlands letterenfonds
dutch foundation for literature

Der Verlag dankt Prof. Thomas Friedl für die hilfreiche fachkundliche Durchsicht der Portraits und Prof. Irmela Hijiya-Kirschnereit für wertvolle Hinweise zu den japanischen Gedichten.

Weiterführende Literatur

Rufius Festus Avienus: ***Ora maritima,*** lateinisch und deutsch, Darmstadt 1968.

Cor Bruijn: ***Strandgut,*** Leipzig 1942.

Ann Christie: »A Taste for Seaweed«, in: *Journal of Design History,* 24/4, S. 299–314. Oxford 2011.

Adriaen Coenen: ***Het walvisboek,*** Zutphen 2003.

Alain Corbin: ***Meereslust,*** Berlin 1990.

Johanna Catharina Daan: ***Wieringer land en leven in de taal,*** Alphen aan den Rijn 1950.

Roger Deakin: ***Logbuch eines Schwimmers,*** Berlin 2015.

Diverse Autoren: ***Het gevleugelde woord. De mooiste Japanse haiku's,*** Band 1, Marke 2013.

Florike Egmond: ***Het visboek,*** Zutphen 2005.

T. S. Eliot: ***Ausgewählte Gedichte.*** Frankfurt a. M. 1951.

Tristan Gooley: ***How to Read Water,*** London 2016.

Paddy Gregson: ***Ten Degrees Below Seaweed,*** Braunton 1993.

Rosemarie Honegger: »Ein gebundenes Meeresalgenherbar von 1851 aus Basler Privatbesitz«, in: *Bauhinia* 26 (2016).

Alexander von Humboldt: ***Kosmos. Entwurf einer physischen Weltbeschreibung,*** Band 1, Stuttgart 1845.

Elisabeth und Mary Kirby: ***The Sea and Its Wonders,*** London 1871.

Hans Kniep: ***Die Sexualität der niederen Pflanzen,*** Jena 1928.

Eberhard Kramm: ***Die Algen,*** 2 Bände, Leipzig 1952.

Dr. Paul Kuckuck: ***Der Strandwanderer,*** München 1929.

Sonji Kurishita: ***Nori Farming for Human Consumption in the West Coast of Scotland,*** Aberdeen 2017.

Christopher S. Lobban: ***Seaweed Ecology and Physiology,*** Cambridge 1994.

Julia Lohmann: ***The Department of Seaweed, the Co-speculative Design in a Museum Residency.***

Yann Martel: ***Schiffbruch mit Tiger,*** Frankfurt a. M. 2003.

W. Migula: ***Kryptogamen-Flora von Deutschland,*** Gera 1907.

Ole G. Mouritsen: ***Seaweeds. Edible, Available & Sustainable,*** Chicago 2013.

George Murray: ***An Introduction to the Study of Seaweeds,*** London 1895.

P. H. Nienhuis: ***Zeewieren,*** Zeist 1969.

Kaori O'Connor: ***Seaweed. A Global History,*** London 2017.

Akio Okazaki: ***Seaweeds and Their Uses in Japan,*** Tokio 1971.

Dr. W. P. Postma und H. Kleijn: ***Het strand in kleuren,*** Amsterdam 1957.

G. J. Resink: ***Kreeft en Steenbok,*** Amsterdam 1963.

Joanne K. Rowling: ***Harry Potter und der Feuerkelch,*** Hamburg 2000.

Raoul Schrott: ***Erste Erde. Epos,*** München 2016.

H. Stegenga und I. Mol: ***Flora van de Nederlandse zeewieren,*** Hoogwoud 1983.

Sonia Surey-Gent und Gordon Morris: ***Seaweed,*** London 1987.

David Thomas: ***Seaweeds,*** London 2002.

William P. L. Thomson: ***Kelp Making in Orkney,*** Stromness 1983.

Jürgen Berndt: ***Rotes Laub, Altjapanische Lyrik,*** hg. und übers. von Jürgen Berndt, Leipzig 1972.

C. Wieche: ***Artic Seaweeds,*** Vaduz 2002.

Abbildungsverzeichnis

Seite 61 *Study of Seaweed.* Ellsworth Kelly, 1949.

Seite 64 *Tafel V* **und Seite 76** *Tafel XI.* Samuel O. Gray: British Seaweeds, London 1867.

Seite 67 *Ulva latissima.* Jan Kops, Christiaan Sepp: Flora Batava, London 1844.

Seite 69 *Loïe Fuller.* Unbekannter Fotograf.

Seite 70 *Mère et enfant au bord de la mer.* Alfred Guillou.

Seiten 73 *Stoffentwurf,* William Kilburn, circa 1790.

Seite 79 *Fingeralge,* Plantes Medicinales, Lamoureux.

Seite 84 *Himanthalia lorea.* Robert K. Greville: Algae britannicae, Edinburgh 1830.

Seite 88 *Knotiger Tang, Meerfäden.* Plantarum indigenarum et exoticarum icones ad vivum coloratae, Wien und Leipzig 1778–1794.

Seite 99 *Fucus serratus.* William G. Johnstone: The nature-printed British sea-weeds, London 1859–1860.

Seite 103 *Les pêcheuses de goémon.* Paul Gauguin, 1888.

Seite 105 *Gribune-head in Mull.* William Daniell, 1817. © Science Photo library / British Library.

Seite 106 *The Seaweed Raker.* James Clarke Hook, 1889. © Tate, London 2014.

Seite 118 *Cakes and Food Made of Seaweed.* Kubo Shunman.

Seite 121 *Gelidium amansii.* Kintaro Okamura: Icones of Japanese algae, 1618.

Seite 135 *Solenia plantaginifolia, S. erecta, S. compressa.* Hydrophytologiae Regni Neapolitani icones, Neapoli 1829.

Seiten 139–161 Illustrationen von Falk Nordmann, Berlin 2019.

Miek Zwamborn, geboren 1974 in Schiedam, ist bildende Künstlerin, Autorin und Übersetzerin. Nach dem Studium der Bildenden Kunst in Amsterdam arbeitete sie 15 Jahre als Schleusenwärterin. Sie arbeitet und lebt auf der Isle of Mull, Schottland.

NATURKUNDEN № 51
Erste Auflage Berlin 2019

NATURKUNDEN
herausgegeben von Judith Schalansky
erscheinen bei Matthes & Seitz Berlin
ermöglicht durch Jan Szlovak, Hamburg

Göhrener Straße 7, 10437 Berlin
info@matthes-seitz-berlin.de
info@naturkunden.de

Die Übersetzung dieser Ausgabe wurde vom Lettrefond Nederlands gefördert.

Nederlands letterenfonds
dutch foundation for literature

EINBAND UND TYPOGRAFIE Pauline Altmann, Berlin
nach einem Entwurf von Judith Schalansky
TITELILLUSTRATION Pauline Altmann, Berlin
SCHRIFT Ingeborg von Michael Hochleitner/Typejockeys
LITHOGRAFIE Tomas Mrazauskas, Berlin
HERSTELLUNG Hermann Zanier, Berlin
PAPIER 100 g/m² Fly 04 hochweiß, 1,2-faches Volumen
EINBANDMATERIAL Napura® Khepera von
Winter & Company GmbH, Lörrach
DRUCK UND BINDUNG Pustet, Regensburg

ISBN 978-3-95757-696-5

www.naturkunden.de
www.matthes-seitz-berlin.de